每個人都能打造線上課！

Make Money While You Sleep

知識付費時代，
你會的每一種本事，
都能為你賺進
滾滾睡後收入！

Lucy Griffiths
露西．格里菲斯——著
許可欣——譯

獻給我親愛的孩子，班，

你是我擺脫舊有工作方式，找到新生活的催化劑。

我非常愛你，謝謝這麼有趣、美好又聰明的你。

還有提姆，我最好的朋友和靈魂伴侶：我愛你。

謝謝你在這場創業和生活的瘋狂冒險中，

成為我最大的支持者和擁護者。

推薦序
在知識變現市場裡實現夢想！

透鏡數位內容創辦人
喊涵（原詩涵）

這是本讓所有線上課程講師感到相見恨晚的書。

台灣的線上課程或說知識變現市場，大概是在二〇一四年左右萌芽，我非常幸運地能在二〇一五年，也就是產業正要起飛的時候，就進場耕耘至今。爾後二〇二〇年因為新冠疫情的影響，社會大眾對於線上學習接受度提高，市場一片大好，課程平台林立，幾乎每天都有新課程出現。

直到現在，幾乎每天都有人私訊問我：「喊涵，我的專長是……，我想開課變現，你覺得我能賣出多少堂？」

通常我都會反問這些來訊者，他們的課程潛在受眾，也就是可能需要這門課的人是誰？有跟這群人交流過了嗎？受眾的身分認同是什麼？生活中有哪些痛點？甚至受眾心中理想的自己長什麼樣子？

我收到的回覆大多是：「我不太確定」、「我只先想好主題，還沒思考受眾」、「一般社會人士都可以吧」……。看來他們根本不了解自己的潛在受眾，而是一廂情願地「覺得」有人會需要自己的知識，沒有經過任何市場驗證。

還有另外一群人喜歡問我：「喊涵，我的課程上架後只有前一兩週有成功賣出，後來就都沒人買了，怎麼辦？」我細問之後發現，這群人在開課之前沒有在網路上分享觀點的習慣，臉書、IG、Podcast、YouTube、部落格文章、電子報……一個都沒有經營；或是三天捕魚兩天曬網，每個平台都只有發過一兩則內容。開課之後也只有在臉書投廣告，沒有特別選擇受眾興趣標籤，沒有寫文案，也沒有做圖片，只是按下「加強推廣」按鈕，讓後台自動推送廣告。

很可惜，線上課程最終沒有為這兩群人帶來被動收入，沒能實現推廣自己專長的理想，甚至連製作成本都沒有回收。為什麼？他們明明透過線上課程分享了知識，卻沒能變現，問題到底出在哪裡呢？

在從業的前幾年，我也曾以為一門線上課程的成功，最關鍵的要素是知識內容。在後來的日子裡，我參與過幾次千萬級課程募資，也經手過不少連募資門檻都達不到的課程，甚至推出自己的課，與市場正面對決。歷經了無數次起伏後，我才領悟到線上課程的本質不是教學，而是「教學產品」。

我認為一個好的、能在商業上取得成功的產品，市場調研、產品定位、開發製作、行銷運營，四者缺一不可，換作是教學產品亦同。但可惜的是，市場調研、產品定位、行銷運營都是幕後工作，鮮少為外人知，大家多半還是抱持著「產品好自然能熱賣」的想法，所以市場上才會瀰漫著一股只要有知識就能變現的風氣。

本書直接點破了迷障，作者提到被動收入不單單只是把課程發布到網路上，真正實現被動收入的是長年累積的受眾、紮實的市場調研，以及課程發布後，持續運營各種行銷渠道，導入新的流量與客源。

更棒的是，作者不只是分享這些觀點，還直接將他的經驗轉化成方便讀者實作的SOP、Checklist、用戶訪談題型、文案模板等工具。就像有一位教練在身邊，跟著引導就能按部就班完成市場調研、產品定位、開發製作以及行銷運營。

看完之後不禁感嘆，如果在剛入行時就看過這本書，不知道能少走多少彎路。誠摯推薦給所有透過知識與專業技術謀生的工作者，總有一天你會需要建立自己的線上課程，無論是為了直接變現、擴大服務能量、提高知名度，或是累積自有流量池。站在巨人的肩膀上，你能避開開課路上的眾多地雷，更快實現你的目標與理想。

CONTENTS

第一篇

為什麼你該製作線上課？

第一章 賣課賣得好，被動收入不會少！

◇◆◇

想像一下：有一種方法可以在網路上販售你的專業知識，而且工作時間彈性，在任何地方都可以工作，還能一邊陪伴家人，甚至邊睡覺邊賺錢？

打造一套線上課程，在網路上販售知識，是最有利可圖的收入來源之一，這種經常性收入能為你帶來財務自由和工作彈性，也能讓你按照自己的方式生活。

無論你現在的生活是什麼情況，無論你面對什麼，我向你保證：邊睡覺邊賺錢，對你來說也是可能的。這不是多麼高深複雜的事，更不是魔法，有時候可能會遇到一連串困難，但絕對是有可能的。

你需要的魔法只是將過程自動化，建立受眾，這樣就可以不斷賣出你的線上課程。本書將告訴你如何製作一套線上課程，讓你邊睡覺邊賺錢。

本書獻給這樣的人：

● 想在網路上分享知識和專業，製作一套適合你家人和生活的線上課程事業。
● 你想要旅行、冒險，也想享受在世界上任何地方都能工作的自由。
● 妳正在休產假，不知道未來如何同時應付從早到晚的電話、漫長的通勤時間與舊有的工作方式，還要再趕到托兒所和小寶貝共度珍貴時光。
● 或許你正在職場生活的升遷道路上停滯不前，渴望想按下辦公桌上的彈跳鈕，逃出激烈的競爭。
● 或是你事業成功，但忙於工作，沒有時間讓自己從中成長，更別說休息了。
● 或許人資提出裁員，你不確定是否要接受，也不知道如果接受了，下一步要做什麼。
● 或許你快到退休年齡，所以想增加一點收入，好做些一直想做，但從來沒時間做的事。
● 或許像我一樣，你的健康影響職業選擇，連通勤和日常瑣事都有困難。能靈活運用時間，代表你可以在感覺好時工作，不舒服時就休息。
● 或是你不再適合朝九晚五。

如果這些描述符合你的情況，別怕，好消息是無論社會對你有什麼期待，你都能對它嗤之以鼻。你準備好減少工作時間，好好生活了嗎？

建立任何事業，包括可以產生被動收入的線上課程事業，都是艱鉅的工作，必須夙夜匪懈，一次次檢查確認才能完成。好消息是，一旦完成艱苦乏味的部分，它就會自行不斷販售，到時候你的時間就是自己的。這就是線上課程的美妙之處；你可以選擇如何利用時間，無論是多陪伴家人、多去旅行，或是完成無法帶來收入，卻具有創造性的計畫。

那麼，線上課程到底是什麼？簡單來說，它是一系列的影片和練習作業，教導新的技巧或經驗。就像你可能購買學院或大學的線上學習課程，用預錄影片分享各種主題的專業。

據估計，到了二〇二五年，線上課程產業的價值將達到三十二億五千萬美元。[1] 如果你是小企業主、教練、顧問、美甲師、園丁、DIY愛好者、烘焙師或單親爸媽，都可以將你的知識轉化為線上課程。課程的美妙之處在於，只要用影片分享**一次**你的經驗，就可以利用自動化的神奇，重複販售同樣的數位產品。

我們活在最自由的時代，只要用手機這種小設備，就能把你的超能力打包成一系列的影片，然後在廚房裡將這些影片一遍遍賣給全世界上千名顧客。地理位置、教育或背景都不再是你成功的絆腳石，二十幾歲或七十幾歲都沒關係，你可以將多年來的學習和經驗轉化為能重複販售的產品，你可以創造一門課程，在泰國蘇美島教人使用抖音，或是在蘇格蘭的小農場裡教人如何飼養山羊。

你不必特別精通技術，也不必懂得撰寫網頁程式碼，更不必理解自動化過程如何創造銷售系統，只需要接受被動收入的概念，無論住在世上哪個角落，都可以開始製作適合你生活的線上課程。

我以為必須放棄職涯來養兒育女，但打造線上課程讓你可以追求自己的熱情，陪伴家人，還可以賺錢，這就是持續收入的美妙之處；你可以選擇自由運用時間，創造適合的人生。你不再需要朝九晚五的打卡上班，不必在創業的跑步機上沒日沒夜地工作，可以決定如何經營生活和事業，可以規劃工作時間與工作方式，辛苦努力的事業不再是捆在脖子上的繩套，把你綁在桌子前。不過你還是要寫電子郵件、社群網站貼文和發布計畫，但要更聰明工作，而不是更努力工作。

這就是打造線上課程事業能帶來的自由；現在世界是你的，沒有什麼能阻止你追求夢想，無論是駕駛破舊的金龜車環遊世界，或是花更多時間做日光浴、照顧兒孫，這是你的生活、你的規則。

◆懷抱製作線上課程的勇氣和魄力

然而即使這是所謂的被動收入生意，並不表示你不必做任何事。在你的想法實現之前，會有一段緊張的工作時期（和你出色的支援團隊），而本書會帶領你了解製作線上課程事業的原則。

在接下來十四章中，我將分享朋友和學生的祕訣，說明如何開拓線上課程市場的利基，成功銷售自己的課程。例如莉亞．特納（Lea Turner）將LinkedIn的經驗轉化為課程；或是羅伯結束服役二十年的軍旅生涯，思考接下來要做什麼，但上完一門瑜伽課後，他建立一門教授初學者瑜伽和呼

---

1 www.forbes.com/sites/tjmccue/2018/07/31/e-learning-climbing-to-325-billion-by-2025-uf-canvas-absorb-schoology-moodle/?sh=38c22c283b39.

吸法的課程；或是來自紐西蘭奧克蘭的凱瑟琳，在新冠疫情（Covid-19）封城時，把芭蕾工作室轉成線上，為五十歲以上的婦女建立一系列「銀天鵝芭蕾」（Silver Swan Ballet）課程，現在已銷往全球；來自美國密西根州，六十歲的珍奈特．賽茲（Janet Sides）或許也能啟發你，她在醫院加護病房工作二十九年，卻在退休前幾個月遭到裁員，她收拾心情，製作課程教導如何選購衣櫃。

這些學生都有不同的背景，住在不同國家，擁有各式各樣的經驗，但是都有一個共同點：有勇氣和魄力製作一套線上課程。現在你在這裡閱讀本書，就已經邁出巨大的一步，所以現在必須實行我將在本書告訴你的步驟，學習如何長期銷售線上課程。

如果他們做得到，你也可以，你不必是老師，也不必是最聰明的人才能製作課程，只需要具有某種知識，並和他人分享與這項知識相關的學習和經驗。你的想法越小眾，就越有利可圖。人們不想買「通才」課程，所以如果你能讓他們深入某個領域，你就會更成功。

你可能覺得在特定領域沒有足夠的知識，但其實你知道的往往比自己認為的更多，記住你不必無所不知。不久前，我花費三千英鎊購買一門線上課程，內容很豐富，令人應接不暇，後來又花兩百英鎊買了同樣主題的課程，只要兩小時就能完成。結果我只上完了後者。

人們想要美味的一口點心，而不是完整的自助餐，他們想向你學習，並得到「初學者指南」或「高級指南」，卻不需要一門無所不包的課程。小分段的微學習被認為是更有效的線上課程教學方式，本書將告訴你如何建構快速又有趣的課程，吸引讀者購買。最成功的課程是學生會真正花時間完成的課程，一旦他們真正完成課程，看到結果，就會成為你最重要的擁護者，將你的課程推薦給每個人。

在你的腦海浮現小小疑問前，我會介紹如何透過社群媒體和YouTube成功，並持續銷售你的課程、如何宣傳，以及如何使用臉書（Facebook）或ＩＧ（Instagram）的付費廣告，也會告知我用來銷售上千門課程，並產生七位數收入的方法。

你可能已經製作課程，或許也賣出幾次，但現在早已束之高閣。我知道投入所有心力卻無法賣出多麼令人心碎，我也曾經歷那樣的情況，也曾尷尬地面對家人或朋友詢問：「進展得如何？」

無論你的商業理念進展如何，創業都讓人心情大起大落，你可能覺得自己不斷投石問路，卻一無所獲；可能覺得已經努力運作，生意卻還是蹣跚而行。所以如果想把業餘愛好變成真正的生意，不想在家人與朋友面前感覺自己的事業失敗，你來對地方了。

讀完本書，希望你為多次銷售知識找到新的方向和計畫。自動行銷你的課程，可以幫助你取得渴望的持續收入，也能消除許多創業者時好時壞的心態。我將介紹你在製作課程時的阻礙和個人限制，也會告訴你如何迴避恐懼，即使在你害怕時也能成功銷售線上課程。

你可能正在從事這門生意，卻害怕站在台前，害怕出現在網路上。大腦告訴你必須推銷自己的線上課程，而心卻說要躲起來。我聽到了，我也曾擔心自己太老、不夠漂亮或不夠聰明，不能出現在社群媒體上高談闊論。我知道走到台前時，感覺脆弱又無所遁逃的感覺，但事實上如果想要成功銷售你的課程，就必須拋開恐懼，努力去做。

我花費好幾年夢想成為創業者，然後才真正投身其中。記得二十一歲正在編輯商業雜誌時，表哥問我：「妳對商業了解多少？」那句話在我的心中揮之不去，很長一段時間以來，都認為自己不夠格涉足創業的世界。

◆確認你真正想要製作的課程

知道要製作什麼課程是一個難題！也許你在閱讀本書前有願景和計畫，但或許你有點像我，還在努力尋找自己的主題。

你或許會懷疑自己和自己的能力，有時候我們應該做的事明明近在眼前，卻要花費一段時間才能找到。我缺乏自信，一直覺得自己不夠好、不夠聰明，無法教人怎麼錄製影片或說故事，即使在此之前，我已有多年的記者經驗。所以別擔心，我會幫助你尋找並追求自己的熱情。

或許你偷偷希望自己能創業，但是腦海裡的小小聲音卻讓你止步不前；或許你懷疑自己的能力和天分。有時候我們因為害怕別人會說什麼或想什麼，阻礙自己追求真正想做的事。在這種情況下，就好像你需要「許可證」，才能追隨你的心，跟著直覺走。

如果你想製作一些能重複銷售和談論的東西，就要確定自己對那個主題抱持熱情。你或許認為應該製作一套關於理財的課程，因為那樣才能賺錢，但是你的心卻想教導繪畫。跟隨自己的心，因為這件事做了幾個月後，你熱愛的計畫才能推動自己走過旅程中的坎坷。

你必須找到自己的「東西」，確認你所做的，也就是作家蓋伊．漢德瑞克（Gay Hendricks）所說的「天才地帶」（Zone of Genius）。[2]

所以請記住，如果你要在課程的製作及販售上花費幾個小時，就必須選擇能讓自己開心，且在多年後仍感興奮的事。「製作課程」並非易事，它開啟新的可能性和新的冒險性的大門。想想：

- 你喜歡談論什麼？
- 你每天為什麼事感到興奮？

每當我懷疑自己成功的能力時，總會想到理查．布蘭森（Richard Branson），他創辦價值數十億美元的企業，但功課不好，還曾因閱讀障礙遭到退學；或是Spanx創辦人暨發明者莎拉．布蕾克莉（Sara Blakely），她不懂針織品，卻有絕佳想法，能創造出有彈性的內衣協助塑身。這兩位企業

2 漢德瑞克在著作《跳脫極限》（*The Big Leap*）中，定義「天才地帶」一詞。

家對他們的產品都充滿熱情，也表現出追求產品的勇氣和魄力，儘管一開始對商業知之甚少，但是心胸開闊，樂於擁抱新的可能，並在過程中吸收資訊與想法。

當我開始創業時，列出「鼓舞」自己的創業家名單，讓我在可能動搖時還能步上正軌。我也在社群媒體上追蹤這些人，在覺得自己不夠好或不夠聰明，無法包裝好知識在網路上販售時，他們的話語對我形成莫大鼓舞。

我要你在讀完本書後，認為自己能將經驗與知識轉化為可自動販售的課程。我會告訴你，你能包裝自己的專業，創造重複性收入，不再忙於工作，重新規劃生活和事業。

你要做的只是製作一門課程，打造銷售頁面，然後培養穩定的觀看和購買人氣。這一切聽來容易，但事實上你會有沮喪的時候；有時候製作一套課程事業複雜又艱難，但不表示你不能讓它成為現實。當然，這不代表你不能創造夢想中的被動收入，就如同每種生意，你需要深入挖掘，找到你的勇氣和魄力，不斷穿越高潮和低谷。無論你的年齡、背景和教育程度，都可以把所知轉化為線上課程。本書將帶領你一步步，從產生想法、釐清理想客戶，再到銷售你的線上課程或會員資格。

被動收入是指重複產生收入，也被稱為經常性收入，但無論你用什麼詞彙，它都需要極大的動力、決心和努力才能運作。還在懷疑本書是否適合你、你的技能能否創造經常性收入？這裡有幾個想法，幫助你明白如何在睡覺時也能賺錢。

如果你是平面設計師，可以製作數位產品，例如一套範本，教導人們如何設計在 Pinterest 上使用的圖形，也可以出售一系列漂亮的Pinterest設計，然後利用社群媒體網站作為頭號行銷工具。一旦你製作數位產品，建立銷售網頁，只需要找到新的受眾，不斷重複銷售，利用廣告也有助於吸引數位產品的人氣。

如果你是健身教練或烘培師，可以利用會員資格創造經常性收入，人們每個月支付一定金額加入你的「社團」，向你學習，並享受成為社群成員的好處。

例如嘉莉・格林（Carrie Green）在網路世界覺得很孤單，於是想要成立社團，供女企業家一起合作學習。她成立女性企業家協會（Female Entrepreneur Association），讓她的臉書社團變成一家價值數百萬英鎊的公司；演員安娜・帕克－納普勒斯（Anna Parker-Naples）想花更多時間陪伴家人，在不幸流產後，成立線上業務，教導人們如何利用播客（Podcast）發展業務，現在會員人數已達六位數。

電子書是創造經常性收入的另一種方式。連續創業家史蒂芬・詹姆士（Stefan James）開始在亞馬遜（Amazon）網站上賣書後發現，如果每本賣一美元，就可以規模化銷售，於是開始找人將他的錄音和想法變成書籍，十年後，他擁有一家價值數百萬美元的公司，在YouTube上超過百萬訂閱。

不確定要製作什麼課程？讓我們來發揮創意吧！

◆針對你想做什麼進行腦力激盪

現在我們開始進行有趣的腦力激盪，想想你可能要做什麼！不要管時間和空間，做一些讓你有靈感的事。我發現允許自己盡情發揮創造力真的很有幫助，去鄉間散步、冥想，或是和兒子玩樂高（Lego），都能幫助我從「應該做的事情」中放鬆，從而跟隨內心的直覺。

- 做任何讓你覺得最有創造力的事。
- 記得「沒有主意」就是壞主意——你不知道一個想法能帶來什麼，所以就寫下來吧！
- 允許自己自由想像。我在腦力激盪時，喜歡聽鼓舞人心的音樂，你也可以播放喜歡的音樂。

一、你有什麼想法？

寫下你的想法，暢所欲言。

二、腦傾印（brain dump）

盡可能將腦海中對課程的想法全寫出來，需要學習的潛在客戶是誰？把一切都寫下來。不要審查自己，一個瘋狂的想法或許會帶來另一個對受眾而言完美的想法。

三、現在我們把這個想法精煉一下。你希望受眾會有什麼轉變？越具體越好……

記住，沒有不好的想法，所有想法都可能帶來有趣的結果，也可能帶你來到想要集中精力的地方。如果想進一步釋放你的創造力，可以看看茱莉亞・卡麥隆（Julia Cameron）的著作《創作，是心靈療癒的旅程》（*The Artist's Way*）。

好消息是，有很多利用被動收入和建立多種收入來源的賺錢方式。找到你的賺錢之道是一個試誤的過程，但是本書會幫助你將想法轉變成課程事業，真正改變你和家人的人生。

此時此地，在你正閱讀本書或正開車上班時，可以認真思考你的可能性和潛力，因為令人興奮的是，你可以透過線上課程創造財富，並利用網路的力量與被動收入的美妙，建立極其成功的事業，只需要夢想、勇氣和毅力。

準備好放大你的知識，製作線上課程，在睡覺時也能賺錢嗎？我知道你做得到！

如果你需要多一些支持，可瀏覽www.makemoneywhileyousleepbook.com/bonus，你也可以在上面找到其他課程，幫助你在閱讀本書時建立自己的課程。

第二章 研究市場與課前調查

◇◆◇

我過去常在全世界當背包客旅行，喜歡沉浸在這種體驗中，在各地「大展身手」。我跟隨直覺，希望什麼都是最好的，結果也總是很好。我會偶然在路邊咖啡廳發現美味佳餚，或是與當地人為友，讓他們帶我到鎮上的祕密景點和最佳去處。大多數時間，我都過得很好——除了遇到蟑螂出沒的旅館，或是吃活海參而食物中毒。那段經歷至今仍縈繞心頭，我用筷子夾起這個橡膠狀的東西，咬下一大口，咀嚼時才驚恐發現，海參原來不是蔬菜，牠是活的，還在筷子上蠕動，黏糊糊的橡膠質地和腐臭的味道成為惡夢！

我很快學到，預做研究代表我可以避開噁心的餐點，專心探索風景。提起這個是因為我想強調，製作一門課程不是即興發揮，否則你會發現自己不得不重新錄製一些元素，不得不改變銷售策略和定價，或是調整廣告裡的訊息。

建立一門課程不用追求完美，但你必須計劃、準備，最重要的是滿足觀眾的需求，因此需要做研究，才會知道自己給予人們想要的東西。只是隨心所欲地談論你選擇的話題，並不是建立人們想購買課程的最佳方式。我看過已有大量粉絲的人無法賣出建立的課程，這是因為他們**沒有**真正詢問受眾**需要**什麼和**想要**什麼。

製作一門課程和其他創業沒有什麼不同，帶領人們踏上學習之旅，解決一個問題或痛點，說明如何使用軟體、如何擠羊奶或如何發展業務。在課程設計中，你、你是誰及受眾的需求必須一致。

我經常看到人們沒有真正研究目標客戶的需求，也不準備花時間聆聽就製作課程，然後才納悶為什麼課程賣不出去。

這一章或許是本書最重要的一章，但不是特別有趣。我知道對即興發揮的愛好者來說，很想跳過這部分，直接開始為課程列出綱要，但是等一下！做研究能避免犯下耗時又代價高昂的錯誤，所以花時間問問題、測試想法、聆聽可能讓你大吃一驚的回饋，了解理想客戶是不錯的投資。在這個過程中，你還有絕佳機會，可以在製作課程前就開始銷售課程。

> 找到客戶、將產品或服務銷售給客戶、滿足客戶好讓他回購的能力，應該是所有創業活動的核心。你越了解理想客戶，行銷工作就越有針對性和有效性。
>
> ——布萊恩・崔西（Brian Tracy）[3]

3 www.entrepreneur.com/article/75648.

◆與目標客戶交流（但不用百分百符合你的目標）

第一次創業時，每個商業專家都會告知，要創造你的「理想客戶」。開始創業時，一些專業的商業導師鼓勵我想像，購買我產品的完美人選是什麼模樣，他們會開什麼車、度假時會做什麼事。我在腦海中小小幻想要購買自己服務的完美對象，但著重在他們渴望擁有（或已經擁有）的物質產品，而不是他們需要解決的問題。

我記得自己花費數小時想像這個虛構的角色，過程痛苦又緊張，但事實上理想客戶是願意花錢在你身上的人，想像會購買產品的完美人選是非常荒謬的事，這不利於你的事業。

在宣傳和行銷中，理解對話的對象是很好的商業意識。一旦起跑，與合適的人交流非常重要，如此在行銷和宣傳時才能非常清楚自己對話的對象，還有他們在做什麼。但不要糾結於完美人選的想法，因為這個概念在開始銷售、了解目標對象到底是誰後就會改變，在一開始就因為年紀太老、太年輕、太女性化或太男性化而排除一部分的人，在商業上並不明智。

沒有必要排除某些人口群體，你的生意是賣給可能需要這個產品的任何人。例如我的品牌使用粉色和紅色，一開始想瞄準特定年齡層的女性，但後來意識到自己也在和男性對話。如果你具體了解痛點，而不是抽象的人口統計學，依據客戶需求銷售和調整就會更容易。

◆了解客戶和他們的問題

了解你的客戶是誰，還有他們的問題是什麼，是成功的關鍵。了解客戶面臨的特殊問題，意味著你可以和受眾產生連結，想像他們在你做每件事裡的模樣！你對問題有越多資訊和理解，就越容易「建立你的部落」，或是聚集一群針對這個問題和你要說的話有共鳴的人，因此他們會喜歡你、跟隨你，最終購買你的產品。

你要深入了解他們的內心與痛點，以及如何才能更幫助他們克服這項挑戰。你要對這個人創造一個故事（但別侷限於過時的「人口統計學」），想像他們、和他們交談，並認同他們。這個人越「真實」，在製作課程時就越容易想像，行銷時也越容易與他們對話。

我在二十五年前就開始這麼做，當時我在當地電台工作，電台鼓勵我們把女性聽眾視為一個「人」，要了解她的內心，她在乎什麼？是什麼激勵她每天早上起床工作？什麼問題對她很重要？這為電台的故事內容定調，聚焦於家庭問題、健康和地方故事。我們不做她不在乎的主題，試著用對她來說很重要的方式告訴她們、吸引她們。

對課程創造一個虛擬角色或理想客戶也是如此，虛擬角色是一個虛構的故事，幫助我們更有效理解理想客戶，讓你聚焦在**一個**人身上，訴說他的故事、講述他是誰。

詢問自己下述問題，以便創造會購買你課程的理想客戶形象，花一點時間，越詳細具體越好。

描述你設定的虛擬客戶形象

- 顧客的痛點或問題是什麼？
- 顧客為什麼夜不能寐、憂心忡忡？
- 他們熬夜是在擔心什麼？這和你的課程主題有什麼關係？
- 你的課程理念為他們解決什麼？
- 他們為什麼需要你的課程？你解決什麼問題，或是在他們身上創造什麼欲望？
- 是什麼促使他們開始尋找解決問題的方法（也就是你正在解決的問題）？
- 他們如何找到你和問題的解答？例如在Google搜尋、在ＩＧ等社群媒體瀏覽或是聽播客？
- 你為什麼比競爭者更能解決那個問題？
- 在他們找到你的課程作為替代解決方案時，已經試過什麼不成功的方法？
- 他們購買你的課程會有什麼好處？
- 他們的目標和價值是什麼？他們在乎什麼（例如環境，或產品是否為公平交易）？
- 他們不購買你課程的理由是什麼？
- 描述你的一般顧客。

- 他們典型的一天是什麼樣子？
- 他們一天上網多久？他們對線上學習的偏好為何？
- 他們的年紀多大？越具體越好。
- 你的課程是為男性或女性而設，或是兩者兼可？
- 他們有小孩嗎？
- 如果有，他們住在家裡嗎？這會是他們學習的障礙嗎？在行銷中是否要談到這一點？
- 他們在乎什麼？什麼能激勵他們？
- 你的理想客戶怎麼賺錢？他們在做生意嗎？在行銷時是否需要考慮他們的發薪日？
- 他們的年收入多少？你的課程提供給有六位數收入的企業家，或預算有限的單親家長？
- 這個人的種族和宗教是什麼？對你的課程是否重要？
- 他們是老闆還是員工？
- 他們的熱情何在？會因為什麼產生動力？
- 地理位置重要嗎？這是全球性課程或針對特定國家，有特定法律／稅務問題的課程？

你的情況如何？學到什麼？要成功銷售課程，你還需要知道什麼？進行研究不只是想像你的理想客戶，也是和他們對話，深入了解他們的問題和痛點。

◆讓客戶從需要變成想要

人們不會為了買課程而買，他們花錢是因為要尋找問題的答案，想得到解決問題的幫助。所以花時間釐清問題，以及如何最好地解決客戶問題，就能讓課程預售變得很容易！問問自己，是什麼讓他們徹夜難眠？他們尤其會為了什麼事而掙扎？當務之急是確定客戶是否需要並想要你的課程，你知道需要和想要某個東西之間的差別嗎？

我有個名叫塞倫的朋友，住在曼谷，但經常會回貝爾法斯特（Belfast）探望家人。他有兩種搭機選擇：瑞安航空（Ryanair）或英國航空（British Airways），當他「需要」回家探望母親時，會搭乘第一班瑞安航空，但說起該航空的服務、整體經驗和缺乏早餐時，總是要睜一隻眼，閉一隻眼；如果是較悠閒的旅程，就會選擇搭乘英國航空，他想要那樣的體驗，飛行就從需要變成想要，他願意支付兩倍價錢換取那樣的體驗。

回到你的課程，你要如何轉換客戶的想法，讓他們對你是想要，而不只是「需要」？要讓這個轉換更清晰，確保他們想要你的課程，即使你談論的只是如何製作試算表。當他們想要某個東西時，便會竭盡全力得到，也願意花更多錢。

進行研究能獲得關於受眾的珍貴知識，如果你解決他們的問題，他們會渴求你的解決方案，他們不只是需要這門課程，也想要答案。所以當你進行研究時，一定要仔細聆聽受眾在「需要」和「想要」之間的細微差異。注意他們的熱情度，以及他們對你社群媒體貼文的參與度；記下他們對這個概念表達的熱情，他們是否興奮，或者會說這非常有用？他們是否上竄下跳地說：「**老天**，我現在就要這個」，還是說：「我相信這一定非常有幫助」（這是客氣的說法，其實他指的是：這聽來對其他人不錯，但不適合我）。

為了測試人們是**需要**還是**想要**，以及是否有能力購買，詢問自己三個問題：

- 這門課程是否有需要？
- 是否有能力支付這門課程？
- 是否有意願購買這門課程？

畢竟在決定你的課程成功與否時，最重要的是付錢的意願。我希望你為自己的課程創造這種需求，這對你的事業來說是必備條件，潛在客戶要對購買你的產品感到非常興奮，對你的產品垂涎三尺。

在建立和預售課程時，了解誰是你的受眾，還有他們**需要**什麼，**想要**從你身上得到什麼，是至關重要的。

◆更了解理想客戶的途徑

我經常看到人們尚未真正研究理想客戶的需求就製作課程，但事實上，理解人們願意為這門課支付多少費用很重要，你可以透過調查和問卷，詢問人們需要什麼。

理想上，你可以使用社群媒體平台做這件事，如果你已經建立帳號，也有願意互動的受眾，更可以這麼做。如果你還沒有受眾，可以到亞馬遜網站上找出理想客戶會閱讀的書籍，看看那些書評，有助於了解他們談論自己痛點時使用的詞語。

你可以透過ＩＧ或LinkedIn接觸受眾，或是利用Clubhouse或YouTube的力量。你要決定並測試在接觸受眾和提問時，哪一個方式最好。這裡提供一些建議，但不必每個方法都用，只要使用最能引起共鳴的方法就好——根據你對理想客戶的了解，想想他們會去哪裡，如果想和專業人士交談，可以到LinkedIn看看；如果要找大學生說話，或許最好在抖音上活躍一些。

ＩＧ限時動態

開始製作課程前，你可以在ＩＧ限時動態上發布問題或投票。在開始建構課程理念時，詢問受眾一些具體的問題，確保你使用對受眾而言夠特別的主題標籤（Hashtag），才能觸及對這個內容最有共鳴又具有這些痛點的人。

看看同業其他人的帳號，看他們用什麼主題標籤，寫下筆記。我在手機裡儲存好幾組主題標籤，每組最多有三十個。

在為《心理學雜誌》（*Psychologies Magazine*）製作課程時，我們利用IG限時動態詢問民眾，在尋找喜好職業時面臨的最大挑戰。這項研究有助於驗證我們的想法，知道我們的方向是正確的。

諾蘭德保姆（Norland Nanny）暨睡眠顧問克萊兒・瓦特金（Claire Watkin）曾為新手媽媽製作睡眠訓練課程，她利用IG研究理想客戶，也追蹤媽媽部落客，和她們建立關係。從那裡為起點，她可以找到更多媽媽提供答案，並建立受眾。

> 我開始在IG上追蹤媽媽網紅，有一個人在我按下追蹤五分鐘內就私訊我，邀請我和她的媽媽群聊聊。我後來為她製作一段培訓影片，由此得以開始建立我的受眾，並理解她們的難處和痛點。

臉書社團

臉書社團對連結和了解領域中志同道合的人是極佳資源。在過程中，你可以提問，也可以建立潛在的客戶基礎。

心理學家賈斯汀・諾特（Justine Knott）開設幫助剛確診癲癇患者的課程，她結合本身的癲癇經驗和心理學家的背景，幫助因診斷結果所苦的人。諾特在臉書上建立癲癇社團，藉此接觸對象，詢問他們是否願意填答問卷。她很快就收到許多回覆，也得到珍貴的資訊，協助製作並組織課程。

我一開始沒想過對目標群體提問，格里菲斯建議我研究理想客戶群，所以我想應該試試。我要決定「讓癲癇患者過得更好、更健康」（Living Well and Thriving with Epilepsy）這門課程需要加入什麼內容；我知道自己身為患者，面對什麼問題，尤其是在剛確診時。我針對心理健康這個主題已經研究二十多年，對它瞭若指掌，需要知道大多數癲癇患者在課程中需要什麼。

多年來，我一直是臉書癲癇社團的一員，也經常對正在處理的問題提出質疑。臉書社團成員都有共同的特殊需求和興趣，提供重要的支持與資訊，也可以幫助你了解理想客戶、梳理你的課程資料，是很豐富的資料來源。首先，我在社團內搜尋關於心理健康的貼文，例如焦慮和憂鬱，我記下關鍵主題，並用問卷網站SurveyMonkey將這些想法轉化為問卷。我認為這有助於釐清思路，也能為課程集思廣益。我加入更多因癲癇成立的社團，我在那些社團是新成員，所以在開始調查前，我先回答幾個問題，也做了一些評論。在行銷中，人們需要了解、喜歡並信任你，才會透露個人資訊。

我在幾個社團貼出問卷，回覆率令人吃驚，一天就收到超過六十則回應。問卷裡有幾個開放式問題，這些問題讓我得到以前從未想過要加入課程中的重要訊息，也讓我對未來課程有了想法。例如「癲癇帶給你最大的困擾是什麼？」許多人的答案是不被理解，或缺乏家人支持，由此可知，一門教育所愛之人癲癇知識的簡短課程是很重要的。我還學到其他事：我早就知道這個群體很關心憂鬱和焦慮問題，但調查結果顯現這對他們社會關係的影響、寂寞與孤立，因此也作為課程的重點。

這項調查還產生良好的附帶效果，這個過程讓人感覺得到傾聽，許多人謝謝我提出這些問題，覺得自己被傾聽和認可，很想知道我正在製作的課程；有八五%的回覆者提供電子郵件，成為我行銷名單的開端。

我認識到自以為了解的可能並不正確，假設理想客戶需要什麼，但是需要藉由測試來調整假設。本質上，透過詢問目標市場更多問題，有助於確認自己走在正確道路上。如果我們的資料和客戶需求一致，產品就有價值，也會很容易在市場上銷售，甚至自動銷售。

你也可以記下臉書社團裡的提問，提供答案也就是付出你的價值，人們會非常感激，然後就會更想了解你和你做的事。發展出這種關係後，即可和他們談論你的課程，詢問是否願意協助你規劃。大多數人喜歡幫助他人，所以也會支持你。

人們加入我的臉書社團時，我也會問他們問題。我會把最中肯、最具啟發性的答案截圖，然後將資訊儲存在試算表裡。多年來，這些問題為我的內容提供靈感，也是確保我在製作「自信上鏡」（Confident on Camera）課程時，能回答許多人問題的最佳方式之一。

YouTube

YouTube是知名的影片網站，也有大量評論和用戶，不過企業主經常忽略。

看看你課程想法相關領域的內容和成功的內容創造者，然後追蹤他們的頻道，記錄最受歡迎的影片。你可以點擊每支YouTube頻道上的「最受歡迎」影片，這可以告訴你，人們都在搜尋什麼影片內容。注意你領域的影片，就可以知道人們需要知道什麼、在尋找什麼。想想使用者經驗……他們坐在家裡，被一個問題困住，世界上有九五%的人會上Google尋找答案。

Google擁有YouTube，所以YouTube影片在Google的搜尋排名很高，如果能回答那個問題，你的影片排名就會更高。人們在影片評論區的提問珍貴無比！能帶給你內容的想法，幫助了解需要在課程中解決的問題。記錄並截圖這些評論，就可以幫助你製作課程內容，也有助於行銷，在編寫內容或行銷時，都要處理到他們的問題。

管理顧問強納森．布拉德利（Jonathan Bradley）在疫情前有非常成功的培訓事業，但是在開始封城後，他明白需要重新思考商業模式，創造被動收入。一開始，他沒有任何觀眾，所以使用YouTube確認課程的想法，也了解中階管理者在職場上提出的各種問題。

你或許會說：「如果他們能在YouTube上找到答案，為什麼還要買我的課程？」請記住，他們可以花二十四小時在YouTube上尋找問題的答案，**也可以**付出一定金額，購買根據他們需求量身訂做的課程。對你的客戶來說，更重要的是什麼？解決方案還是時間？

在後面的章節中，再來討論建立YouTube的受眾，但還是提醒你，不要忽視使用Google和YouTube研究內容的力量。

Quora

Quora是一個問答平台，有上百萬人利用這個網站尋找資訊，回答他們的問題。

瑟琳娜．楊克森（Selina Yankson）是職涯中期的導師，輔導想知道下一步要怎麼走的專業人士。楊克森利用Quora的力量找出理想客戶正面臨的困境，在網站上提供深入又真正有幫助的回應，獲得數百萬瀏覽數與穩定的客戶流量。

LinkedIn

過去一年，特納在LinkedIn的影響力和聲譽大增，稍後會更詳細分享她的故事，但先記住你可以怎麼利用LinkedIn或其他社群媒體平台，詢問客戶真正想要什麼。

> 在開始建立第一門線上課程之前，我看看在自己的領域中還有哪些課程；什麼價格、涵蓋多少資訊量，以及呈現的形式，我想知道自己的定位。
>
> 我也和過去的客戶討論，他們認為培訓的哪些部分最有價值，在我的服務中，哪一部分對他們

而言最突出？他們說的大多是我的建議很簡單，又很容易實踐。他們提供很好的出發點，讓我可以製作想要的內容和形式。我也詢問他們不喜歡線上課程的哪部分，大多數的人表示，課程通常很無聊，影片太長，遠遠超出實際需要，讓人失去興趣！我希望能避免這些問題。

Clubhouse

Skincare Makers Club的克里希納．帕特爾（Krishna Patel）使用Clubhouse和護膚社群交流，了解他們的困難與挑戰。

一開始使用這個應用程式時，我加入護膚美容聊天室，藉由參與討論，幫助其他人打造護膚品牌，在Clubhouse培養一群粉絲。我會在小組討論時說：「如果想要免費指導，可以在ＩＧ上私訊我。」只要收到訊息，就能和他們產生連結，更直接了解需求，也有助於規劃未來的線上產品。

由此她在Clubhouse和ＩＧ上的追蹤者都增加了，也可以預售數位課程與範本。她有穩定的護膚企業主流量，他們將她視為這個領域的權威，最終也想購買線上課程。

如你所見，可以用許多種方式提問，必須找出觀眾最能產生共鳴的地方，了解他們需要什麼，而不是你認為他們需要什麼。答案會讓你大吃一驚，放下先入為主的想法和假設，讓你和想購買產品的觀眾產生連結，也可以在製作課程前就販售課程！

想想你的顧客，和你要在課程裡為他們解決的問題。找出有人願意付費解決的痛點，這項能力是你創業的基石。找出客戶的問題，提出你的解決方案，是課程成功的關鍵。詢問以下問題：

- 要如何才能最好地聯繫受眾，並向他們提問？
- 你該詢問潛在客戶（或理想客戶）什麼問題，才能更了解他們的困難和挑戰？
- 他們需要解決什麼問題？
- 購買課程的消費者尋求什麼具體解決方案？

◆訪問理想客戶

一旦確定理想客戶，就應該安排三至六次的訪問或焦點訪談。你要和他們交流，才能建立關係，所以要詢問他們是否願意花費十五至二十分鐘寶貴時間，幫助你進行一些研究。

如果你認為已經做過研究，想跳過這個步驟，或是已經知道客戶的需求，我強烈建議還是花點時間做這件事。這些提問在兩方面會有極大的幫助：

一、**你可以在行銷或銷售時運用這些資料。**他們使用的詞彙能幫助你設計銷售頁面和課程結構，你或許「了解」理想客戶，但不一定全面了解他們及他們對課程的需求。

二、**他們可能成為潛在客戶。**和那些正在某個專業領域努力的人建立關係是非常有用的，即使他們現在不會成為你的客戶，也可能成為你最大的擁護者，同時支持你的課程，未來也可能購買你的產品。

我總是把研究當作預售課程的方式，看看它是否真的值得製作。製作一門課程繁重又有壓力，如果製作後無法賣出，豈不是為難自己？幫自己一個忙，花點時間做研究，我保證你會製作更好的課程，也能建立銷售受眾的基礎。

◆在哪裡可以遇見理想客戶？

你需要找出這些人會在哪裡出沒，可以在臉書社團裡發問（或許需要經過版主許可才能發文）；或在臉書上詢問親朋好友，是否認識符合你目標對象的人；或者也可以在ＩＧ限時動態上發問、在LinkedIn貼文，還是透過Quora或Reddit這類大眾化的網路論壇發問。

寫一些類似這樣的話：「需要你的幫忙，我正在尋找有某某問題的人，或是希望能得到某某東西的人。」表明你的課程可以讓他們學到一項新技能或克服一個問題，他們可以因而轉變，詢問他們是否願意花二十分鐘透過Zoom受訪。

如果你正在進行社交或工作上的活動，也可以利用這個機會對理想客戶提問，進一步了解他們的痛點。在知道他們是你的理想客戶時，可以詢問他們是否願意花二十分鐘透過Zoom受訪，幫助你做一些研究，或是請他們填寫問卷。

◆準備訪問題綱

訪問時要確定自己已經做好準備，要準時並事先確認自己了解如何使用線上會議軟體Zoom。你可以錄下Zoom的通話，所以要事先設定好，以免忘記。用不會「主導」訪問的開放式問題，讓他們暢所欲言，他們的每句話都很珍貴。在開始前，請思考：

- 你想問理想客戶什麼問題？
- 他們的痛點是什麼？
- 他們面對的最大困難是什麼？
- 你如何最好地解決他們的問題？

以下是我在四年前第一次製作「自信上鏡」課程時，提出的幾個問題：

- 你在鏡頭前最大的困難是什麼？
- 你為什麼會擔心？
- 它對你的業務有什麼影響？
- 如果你希望可以改變上鏡時的一個問題，那會是什麼？
- 擺脫這個問題會是什麼感覺？
- 你願意花多少錢做出這種改變？
- 你期望從合作中得到什麼結果？
- 在我提供的課程中，有什麼會阻止你購買嗎？
- 在我提供的課程中，有什麼會鼓勵你購買嗎？
- 為了得到成果，你願意投入多少時間？

別忘了錄下每次訪問，而且要存檔！

◆透過調查進行研究

進行市場研究和調查，是找出人們真正需求與欲望的絕佳方式。你可以在社群媒體上和人分享，如果已經建立電子郵件清單，也可以寄給追蹤者，請對方填寫問卷。請注意：如果請家人與朋友填寫問卷，因為他們不是你的理想客戶，你或許無法得到想要的答案，所以要找到受目標問題所困的人，和他們交流。

關於問卷中的問題，如果你想要他們寫些什麼，越多開放式問題會越好；封閉式問題代表你只能得到**是**或**否**的結果，但這可能不是你想要的。

在你開始太深入思考問卷之前，要記住人們都很忙，沒有時間，所以越簡單越好。最多詢問十個問題，最好不要是必填，因為如果有人只想回答某些與他們相關的問題，就可能拒絕受訪。

採用記者會用的問題：誰？什麼？哪裡？何時？為什麼？詢問關鍵問題：

- 你最大的挑戰是什麼？
- 為什麼會那樣？
- 這個挑戰會在何時出現？

即使只問一個問題也可能非常有效，只要能切中你需要知道的核心。所以如果你只問一、兩個問題，會是什麼？例如：

- 你在鏡頭前最大的困難是什麼？
- 如果你希望可以改變上鏡時的一個問題，那會是什麼？

老實說有些產業已經存在太多調查，人們不想回答那些問題，而其他課程製作者卻得到業界人士大量幫助與支援。如果有疑問，要保持簡單，在社群媒體上一次只問**一個**問題，LinkedIn或臉書都是定期提問的好地方。

如果真的還是很難，我發現用網路書店折價券當作小獎品，會有很大的幫助！你能做得到！

◆做問卷可選擇的軟體

Typeform

Typeform有**免費**版，而且功能比SurveyMonkey等問卷網站強大，設計也較美觀，建立表格也很容易。雖然你不能像SurveyMonkey一樣自訂網址，但是免費版哪能什麼都有，如果要建立第一份問卷，我推薦Typeform。

SurveyMonkey

這是最廣為人知的調查軟體，不過免費版的限制頗多。你可以增加品牌元素，確保問卷符合企業品牌，但必須付費才能好好使用這個工具。SurveyMonkey可以建立豐富多彩、引人入勝的問卷，但缺點是在剛起步時，並非真正可行的選項（你的事業資金要花在更重要的事情）。

Google表單

好友Google再次出手拯救我們，這裡提供免費又容易建構的表單，讓你可以蒐集電子郵件地址，也能建立問卷。它的介面簡單，具有我們熟悉又愛用的Google簡單功能，雖然彈性不大，但卻是萬能的表單。表單更重視功能，並非為了你的品牌設計。

好處是你可以在表單上蒐集電子郵件地址，但缺點是無法儲存資料，不過因此也更安全，符合《一般資料保護規定》（General Data Protection Regulation, GDPR），這對你的事業來說非常重要，如果產品要賣往英國和歐洲，更需要跟上這股趨勢！

◆克服自認並非專家的不足感

我們常認為自己什麼都不懂，但多年的學習、訓練和工作教會你什麼？隨著時間，你培養並發展哪些技能與知識？

最好的課程和數位產品往往非常小眾，從打造曳引機模型，到更妥善經營企業都有。我已經幫助人們製作芭蕾、瑜伽、學習 LinkedIn 等課程，甚至還有馬語課！

你是自己所在領域的專家，但你通常不會那樣覺得。有疑問時，問問自己：「我要怎麼比業界其他人更能解決這個問題？」這個問題很棘手，因為更有自信的人會帶著一連串想法向前邁進，而害羞的人則會躲在角落。我是內向的人，更像是牆邊花朵，而不是向日葵，所以知道宣稱自己是專家有多難。

很多年來，我都覺得自己不夠優秀或聰明，因為在十一歲時沒有通過考試，此後就一直認為自己是失敗者。雖然我尚未完全擺脫腦袋裡那個小小的負面聲音，但是已經學會克服自我懷疑，知道儘管自己不是街區裡最聰明的孩子，卻可以努力工作，與他人及他們的需求建立聯繫。

為了克服這種不足感（我還是會有這種感覺，尤其是在撰寫本書時），我會在家裡貼滿便利貼，提醒自己是專家，或是在刷牙時盯著鏡中的自己，重複對自己說：「露西，妳是專家。」

在懷疑時，我最喜歡的口頭禪是：「露西，妳他×的能做到。」抱歉我說了髒話，但是髒話似乎能給我一點潛力和重新開始的力量。我也會利用刷牙的這段時間鼓勵自己，提醒過去雖然遭遇困難，但我還是成功了。

腦海中的聲音常常會形成阻礙，阻止我們追求熱情和夢想，但唯一能阻止你製作課程的只有自己，無關天賦、知識或能力，重要的是不顧恐懼和擔憂都要堅持到底的意願。

有些消極信念從兒時就存在於潛意識中，例如有時在學校裡因為在課堂上發言，或是和老師談論某個科目時被嘲笑，可能會認為自己不擅長公開演講，而且這個想法會維持多年，嚴重影響我們教導課程的能力。

你想讓小時候創作的劇本和故事，阻礙自己創造想要的生活嗎？如果你已經準備改變，轉換新的思維方式，這就能幫助你。我希望你從本書中明瞭，你不必在專業中取得博士學位，也不必成為「專家」，只需要了解你的東西，在你的領域裡有經驗，而且比同領域的其他人領先五步。

例如在剛開始涉足網路世界時，我曾僱用一位出色的商業教練，對方非常擅長教導網路相關知識；然而當我真的要做什麼時，她卻無法告知答案，因為她總是僱用其他人做這些工作。現在雖然我非常堅信工作要盡可能外包，但總有些時候你根本無法負擔外包費用，必須自己動手。在這種情況下，就不必花錢請人教你怎麼外包。我的下一個商業教練比較事必躬親，更常自己執行工作，而不是聘用他人，有一個領先我五步的人帶領，對加速啟動業務更有幫助。

當你懷疑自己的「專業知識」時，希望你能記住我的兩個商業教練，還有這個故事的寓意，我們想要一個跟自己一樣的人帶路。

◆與受眾產生共鳴

烹飪不是我的強項，我會讓食物燒焦或是味道令人一言難盡，還好大部分由丈夫掌廚。但是如果我想買一門課程，學習如何烹調美味食物，我不會想買烹調餡餅和威靈頓牛排的課程，而是希望有人分享健康食譜，儘管生活忙亂，也可以在三十分鐘內用五種食材做出料理。你認為喬．威克斯（Joe Wicks）的食譜為什麼能在英國暢銷？

人們希望身邊的人與他們產生共鳴，雖然我們很容易懷疑自己的能力和天分，但是請記住，如果你的內容一致，在社群平台上分享受眾認同的訊息，他們就會購買。

我的學生有時候會擔心，某個主題的課程、書籍和資源已經那麼多，為什麼別人還要購買他們的課程？在Google上搜尋創業，可以得到八十七億兩千萬項結果，這是否意味著我們不想購買課程、書籍，或付錢請人教導自己如何創業？

這樣的資源很多，不代表我不會購買課程，事實上正好相反，我不只買了一門課程幫助創業，還關注教人如何做一些特定事情的課程，例如如何使用ＩＧ，所以這個疑問的解答是，課程越有針對性就會越成功。

有時候擔心不夠好而被曝光的恐懼，超過製作課程能帶來的回報。如果你想做這件事，但腦海中有一個小小的聲音在阻止你，就必須找到方法切換開關。開始想像自己令人驚豔的課程，想像你完成這門課程，人生會有什麼不同？家人的生活會有什麼影響？事業會有什麼改變？是否代表你不必再擔心金錢或帳單？或是有更多時間留給自己，不需要在工作中與客戶進行一對一溝通？能夠想像你美好的未來，可以幫助你對製作課程和職涯的新未來感到興奮。

即使有時你因為長時間工作而疲憊不堪，或是被工作壓得喘不過氣，或者沒有時間陪伴家人，記得這一步在長遠看來將如何改變一切，有助於保持你的動力，也讓你步上正軌。

崔西觸及問題的核心：www.entrepreneur.com/article/75648

找到客戶、將產品或服務賣給客戶，滿足客戶好讓他們再次回購的能力，應該是所有創造活動的核心。你越了解理想客戶，行銷就越有針對性和有效性。

第三章 製作規劃、時程與預算控管

◇◆◇

為什麼整理六歲兒子放襪子的抽屜，會比我坐下來寫這一章來得緊急？除了他數量驚人的中筒襪外，原因是我的大腦試圖保護自己免受寫作之「苦」，腦海裡的聲音告訴我，我不夠好，還伴隨許多負面想法。然而直到半夜兩點，我還是無法入睡，擔心需要馬上起身寫作！

隨著時間，我已經學會意識到那些消極的想法，並且推到一邊，現在可以認知到自己的藉口，就能做真正該做的事！

製作課程也一樣，很容易拖延、推遲，因為啟動計畫太困難了，消耗的能量比想像來得多，而我們的大腦想要節約使用資源，要如何克服這一點呢？

只要前進就好！我知道聽來實在是陳腔濫調，但有時候整個任務讓我們覺得精疲力竭，最後什麼都做不了，而線上課程能帶來的夢想人生還是遙不可及。

事實上一旦開始，你的大腦會明白沒有原先想像得那麼困難，會形成新的習慣。一旦你創造新的行為模式，繼續完成課程就容易多了！你只需要踏出第一步。

如果不知道怎麼開始，極度推薦詹姆斯・克利爾（James Clear）的著作《原子習慣》（*Atomic Habits*），在我撰寫本書時，它是很好的資源，幫我找出自己的拖延點（無意識地滑IG，或是列出一堆「必做」的待辦任務來避免寫作）。如果你在生活中有很多事要做，又還是想完成課程，非常建議在跑步運動、開車或洗碗時，聽聽《原子習慣》的有聲書。克利爾在書中表示：「如果我們想停止拖延，需要讓現在的自我盡可能容易地開始，並且在相信開始後，就會出現動機和動力。」

本章將討論如何尋找製作課程的動機、你的心態，以及你對課程的感覺，還有對金錢的感覺，幫助你做好準備和計畫，最終協助你設定想要達到的收入目標。

◆確認你的動機

一開始，製作課程十分耗費心力，有時候你會想放棄這個計畫，轉身離開。它需要專注、需要堅持執行計畫的意願，無論身邊有多少來自不同方向的拉力。但是記住在課程製作之旅的盡頭，掛著美味的大蘿蔔……

你的動機是什麼？或許是多一點時間陪伴家人；或許是可以在家或世界上任何地方工作；或許

是你想從現在的工作中抽身，想在睡覺時還能有收入。製作課程對你的意義是什麼？

- 你開設課程的理由是什麼？
- 你為什麼想改變生活，建立一套以課程為基礎的事業？
- 它對你和家人的生活將會產生什麼影響？

理解行動的動機可以幫助你堅持下去，我們都可能分心，計畫因此可能偏離軌道，在面對人生各種困難時，如何繼續堅持？

一位從事網路業的母親，平時在家工作，但週末時會將孩子交給丈夫，自己到旅館，在沒有分心的情況下專心製作課程。我知道不是每個人都能這麼做，但是你需要找到一個方法，找到空間做好這件事。對我來說，凌晨五點就是甜蜜點，你呢？

新冠疫情蔓延前，我正要為《心理學雜誌》製作一門課程，當時兒子在家自學，希望我注意他。我覺得自己像駕著多頭馬車，但是必須遵守截稿時間，完成課程，所以每天早上四點起床，就能有三小時完整又不受打擾的工作時間。

再說一次，我不一定建議你這麼做，不過你知道什麼方法適合自己、了解什麼事重要、了解你的資源和生活。你可以決定如何安排時間，例如熬夜工作、早起工作，或是預定一週休假住在旅館，都可以讓你完成課程。你是製作者，設定完成工作的意圖就等於成功一半。

現在來想想課程上線的一些關鍵問題，為了幫助你，我建立一份清單。

◆製作課程需要考量的事項

認真考慮一下課程的細節，這裡有些能幫助你開始思考的問題：

- 你的工作時間表怎麼安排？有沒有截止期限？
- 製作課程設定多少預算？或者是否會盡可能自己動手（不僱用他人，也不產生成本）？
- 你現在是否備齊所有資金？如果沒有，能否保證那些資金都能實現？例如能否從其他收入來源獲得利潤，或是申請政府補助、銀行貸款？
- 你想自己錄影或聘請攝影師？
- 拍攝時會有其他人參與嗎？孩子／動物／其他人？如果有，拍攝時是否有其他考量？他們在你計劃的日期有空嗎？
- 製作一門課程，代表你必須是主要製作者、銷售者、文案人員，也要懂得技術，可能有些領域決定外包，你想自己撰寫所有銷售文案，或是僱人幫忙？

- 你需要PDF的練習作業嗎？你的設計技術如何？是否需要僱人或用Canva就好？
- 銷售網頁和其他技術想要自己來或是僱人處理？
- 如果你打算僱用攝影師、設計師或技術助理協助完成課程，他們通常很忙，你是否事先約好對方的檔期？

◆成功銷售課程的關鍵提問

了解如何銷售你的課程，是成功的關鍵。我看過很多人製作課程後，就認為課程精靈會神奇賣出。我不想打破你的幻想，但那是不可能的！很多人製作好課程後，就忘了實際銷售的過程。企業主對課程都會很興奮，製作課程，賣給幾個人，不過不如預期那麼多，然後認為自己失敗，就此束之高閣，留在電腦裡蒙塵，銷售課程的欲望就此結束。

我要告訴你一件事：你的課程一開始賣得不好，並不代表失敗，只是還沒成功找到最感興趣的人購買。成功銷售課程的基礎往往在於研究課程、和理想客戶交流，並向他們預售課程。只要確定目標受眾，就要盡可能透過社群媒體或Google搜尋找到具有那些特性的人。我在書中會一直提到以下的統計數據，很重要，請記住。平均來說，受眾裡約有二%的人會購買你的產品，意思是如果你的電子郵件清單裡有一百個人，可能會有兩個人購買，如果你在社群媒體的影響力越大，就越容易銷售（見第七章）。

然而如果你認為自己的社群媒體追蹤人數不多，所以不可能成功銷售課程，請停止這個想法。你沒有受眾，不代表你不能建立一門能成功銷售的課程。擁有人數不多，但參與度高、目標明確的受眾，是極其有效的課程銷售方式，可以得到更大回報。一位網紅擁有上萬名追蹤者，不一定代表人們想買他的產品，可能只是覺得那個人有趣。

你要在特定領域裡建立受眾，這些人是最好的銷售對象，因為他們認識你，喜歡你做的事，渴望你的某個產品。一旦你建立這樣的受眾，用付費廣告來複製就更容易了。

以下有幾個關鍵問題（記住，答案沒有對錯，只是幫助你知道要將精力放在哪裡）：

- 你是擁有電子郵件清單的企業主，還是白手起家？
- 你在社群媒體上有受眾嗎？還是需要擴大你的受眾？受眾要有多大？
- 你喜歡使用社群媒體嗎？如果你覺得很無聊，沒關係，還有其他方式可以銷售課程。
- 你是分析型大腦嗎？喜歡研究怎麼更好地運用YouTube發展？或者那是你最糟糕的惡夢？
- 你負擔得起臉書或YouTube的廣告費用嗎？

之前談過用社群媒體和焦點團體研究課程，現在我希望大家思考一下，如何更進一步向同樣的受眾預售課程。請開始思考你的客戶，以及如何吸引他們購買課程（在第七章會更詳細說明）。

增加社群媒體關注度很重要，因為越多人看到你在做的事、你賣的產品，就越有可能購買你的課程。如果你的受眾不多，可以試著用自然的方式培養受眾，意思是不用花錢，在一些更成熟的平台發展粉絲，如臉書或IG，但這可能很難。

然而如果你是新社群媒體平台的早期採用者，受眾就能快速成長。例如相較於使用者與內容都已經飽和的IG或臉書，如果上抖音或Clubhouse更可能快速培養受眾。就像LinkedIn、Clubhouse或抖音這種網站的規模將大幅擴張，你還有可能在這些平台上建立受眾。

我是內向的人，覺得社群媒體讓人疲憊不堪，用貼文和評論參與或社交，實在非常累人。幾年前，發現自己太沉迷於臉書社團，所以有一年都不再使用，在那段時間投入YouTube和Pinterest，因為它們看來像社群媒體網站，但其實是以內容為基礎的平台。我可以撰寫文章、錄製影片，然後研究讓Google可以快速找到這些內容的方式。這是可行的，它讓我將流量導入自己的網站和YouTube頻道，藉此邀請人們閱讀免費內容，然後以此為基礎分享線上講座培訓（同時銷售我的課程）。

慢慢地，事情開始有所轉變。我開始銷售課程時，觀眾不多，也沒有什麼名氣。我有一點錢可以投資在臉書廣告，所以花費二十英鎊，課程賣出六十英鎊。我又將錢投入臉書廣告，課程賣出越多，廣告預算就越高，賺的錢也越多，我在臉書廣告投入越多，事業獲得的報酬就越多。

你可以用不同的方式，使用不同的行銷工具來推廣課程。哪一種最吸引你？是社群媒體或

YouTube的自然流量，或是付費的廣告流量？從策略角度思考，決定銷售課程的方式——你想自然地透過免費的YouTube或Pinterest，或是希望在Google上能搜尋到你的課程？你想用網路研討會銷售課程、建立臉書社團推廣課程，還是想為臉書廣告或YouTube廣告付費？

◆妥善安排時程

說到時間，一天有一千四百四十分鐘，每個人都必須選擇如何利用。我知道生活很忙碌，你經常分身乏術。我知道你在與苛刻的老闆、雜務、混亂和許多理由鬥爭，讓你無法享有片刻安寧，能坐下來專心思考課程。但是你正在閱讀本書，因為想脫離倉鼠的滾輪，想追求你懷抱熱情的計畫，也想有時間陪伴所愛的人……

建立一門課程的確需要花費更多時間，所以在開始階段要讓生活保持輕鬆、簡單，當事情越來越困難時，專注想著最終的夢想，讓自己保持動力和活力。

管理時間需要思考什麼？

- 你有多少時間可以規劃課程？你有全職工作嗎？你早上可以工作一小時嗎？或是有人能幫忙照顧小孩嗎？

- 不管是什麼計畫，如果你認為它需要花費三小時，將它乘以二，然後算進計畫中，事情耗費的時間總是比規劃來得久。
- 試著在日曆上規劃四十五分鐘的時間，你可以在那段時間集中精力做完一項任務。
- 一次進行一項課程製作的元素，然後再做下一項。

開始規劃課程時，心裡最好總是想著結果，也就是銷售課程！你希望新生兒在什麼時候誕生？希望什麼時候開始銷售課程？這個日子經常稱為「發布」日，就像一艘船，你的課程即將揚帆出發。

想成功按時發布，就要規劃日期，並制定實際可行的計畫。所以首先要注意的是，製作課程需要時間，不幸的是你不可能彈指完成。如果你有時間不受干擾地集中精力（沒有放學的孩子或全職工作），就給自己三到四個月製作課程；但如果你的生活中有其他事務，對於能實現的目標就要更現實一些，為這個計畫分配更多的時間。時間表也會受課程規模影響，像是「招牌」課程或低價的迷你課程就有差別，這會在第四章詳細討論。

什麼！你想馬上完成？太好了！帶著熱情和勇氣去做吧！如果你專注又有決心就能做到，但我認為大多數人需要花費三到四個月。你知道，**製作**課程事實上是「簡單」的部分。聽來或許奇怪，有時候**建立**課程內容的機制可能更複雜，你還需要空出時間撰寫銷售的電子郵件、入口網站的文案，還要透過推廣，引發眾人關注你的課程，這稱為發布前的準備。

課程發布時程概要

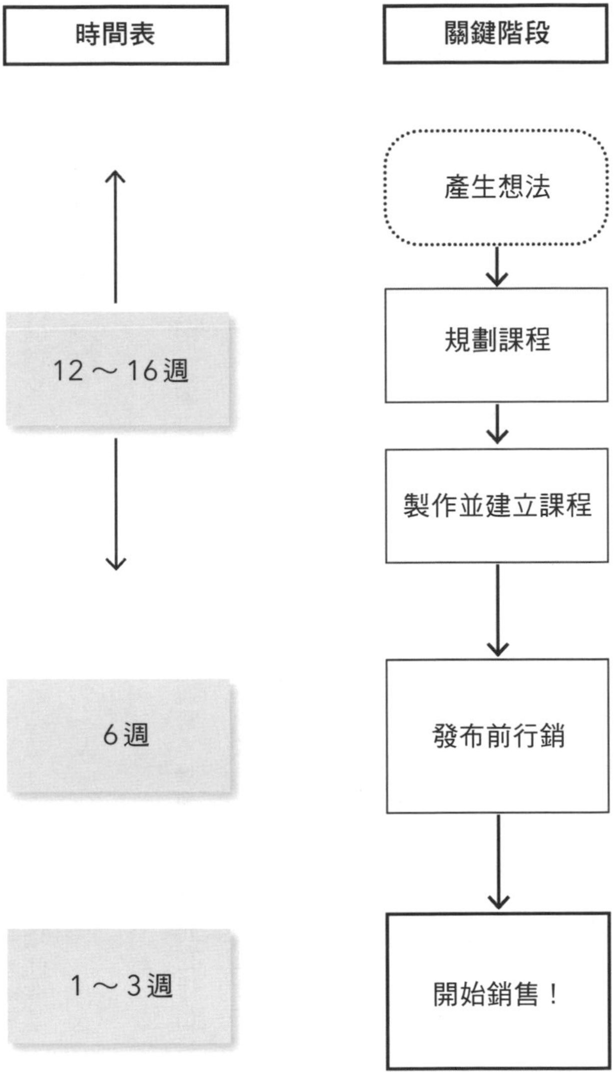
時間表
關鍵階段
產生想法
規劃課程
12～16週
製作並建立課程
6週
發布前行銷
1～3週
開始銷售！

- 什麼時候要開始推廣你的課程？
- 什麼時候要開始銷售你的課程？

◆規劃推廣時間表

是時候看看你的行事曆，進行戰術思考，時時想著你的觀眾，選擇適合他們的時間（是否會受學校假期或宗教假期影響？）。例如，想想是否要在一月或九月發布課程？八月和十二月通常是淡季，但要了解你的生意，還有客戶的工作方式。

第十章會介紹不同的發布方式，為了讓你了解發布時間表，這裡用「臉書挑戰」（Facebook Challenge）的發布方式為例，給自己大約六週的準備時間，進行銷售課程的「發布前」推廣階段，建立事件即將到來的期望和「誘導」。製作關於發布的內容，你需要做好鋪陳，開始規劃和內容相關的部落格文章、播客、YouTube影片及社群媒體貼文。

正如我提到的，在第十章會更詳細介紹發布前和發布的流程，但現在先來想想如何設計一個可行的推廣日程。以下範例可協助設計發布時間表，也能幫助你了解何時可以真正開始銷售！

◆創造被動收入的阻礙

許多企業主因為目前的工作方式不再適合，所以選擇創業，我也是；他們想為自己做些什麼，想要同時擁有自由和收入。

身為企業主，我們喜歡可以為自己工作的想法和自由，但是不想當老闆，因為預估收入或做出困難決定並不容易。然而想在商業上獲得成功，就必須站在執行長的立場，認知自己是擁有正當生意的企業主，要負責利潤、收入和成本。

或許你一生都在為錢奮鬥，從小到大的座右銘是努力工作就會成功。我們可能經常破壞自己的成功，因為自認為不夠資格賺這筆錢、我們不夠好，或是違背「辛勤工作」的家族故事。所以在開始創業時，會假設自己不擅長用錢，這種價值觀會滲透到我們做的每件事。

範例：臉書發布時間表	
1～3週	啟動推廣，開始討論和課程中欲解決問題有關的內容（但你尚未真正銷售課程，或是提及課程）。
4～6週	在社群媒體和電子郵件中，邀請人們報名參加你的培訓。
第7週	為報名參加培訓的人舉辦課程。 然後舉辦大師課程工作坊（即網路研討會），此時即可開始銷售課程（可以重複舉辦）。 開放五天供人購買課程。
第8週	繼續銷售課程，然後關閉購物車。

許多人在成長過程中，都有一些關於金錢的特殊故事，我們是如何「注定不富有」，或是「有錢人都為富不仁」。我們小時候就接受這些故事，也將這些劇本帶入工作生活和事業中。家人非常疼我，但會取笑我，說我花錢「大手大腳」、「不善」理財。有錢人很「貪婪」，在某種程度上，有錢是錯的。

我跑國際新聞那幾年並不在乎薪水，或其他人賺多少錢，但是隨著年紀增長，開始怨懟一天工作十四個小時，答應好的加薪卻始終沒有兌現。等到要買房時，真的沒什麼錢，這幾年的辛勤工作也沒有什麼成果能展示。這時候我決定掌控財務狀況，走出那些認為自己「不善」理財的過時信念。

想想成長過程中聽到關於金錢的話，在家裡是否聽過這些句子？

- 「錢不會長在樹上。」
- 「你不會不勞而獲。」
- 「他們成功又努力工作……」
- 「當一個好孩子，努力工作……」
- 「快樂比有錢重要。」
- 「有錢人都很自私／貪婪／刻薄。」

創業時，我發現自己怕錢；我怕去要錢，也不知道怎麼妥善理財。對錢的恐懼滲透我的事業，還有我獲得客戶的能力。所以經常發現自己免費為人工作，不想因為向他們索取我的價值，而讓對方不高興。當執行的計畫要收費時，我必須外包一些工作，就會發現儘管生意賺錢，但利潤還是很低。現在我已經賺了一百萬美元，但對這個問題還是很苦惱。揭開這些根深柢固的信念，不是希望它們彈指就會消失，你必須深入探究這些從小就聽來的故事，像是：

- 如果你不努力工作，感覺就不「真實」，而你也沒有「賺到」。
- 你對要錢感到很內疚，所以**免費**為他人工作。
- 你對賺錢感到罪惡。
- 你擔心自己的野心可能是「錯的」，影響你成為好家長或好伴侶的能力。

或許你也對這些信念存在共鳴和連結。這些故事影響我的銷售能力，也影響我的商業成就，所以我使用神經語言程式學（Neuro-Linguistic Programming, NLP）和靈氣（Reiki），幫助找出自己的阻礙，在銷售與賺錢方面創造新的信念。下述問題能協助分析這些阻礙：

- 你是否一直從事重複的工作或過於複雜的系統？

- 你會拖延到最後一刻才做事或通宵達旦嗎？
- 你會因為想省錢而拒絕授權或外包，卻不採取行動嗎？
- 如果太容易，你會覺得是詐騙嗎？
- 你不會為自己感到驕傲，也不慶祝自己的勝利？是否只關注負面事物和困難？

如果你對其中一些恐懼產生共鳴，開設課程做生意會很適合你，因為它能讓你脫離混亂，讓你的銷售可以自動化。製作課程讓我可以真正克服這些恐懼，因為不必再打銷售電話，影片就能為我發聲。

然而，光是策略還不夠！重要的是改變你的金錢心態，讓你的生活和工作更輕鬆流暢。請想像不費吹灰之力就能賺錢，你會想到什麼？對自己說：錢永遠都不夠。

《幸運兒》（*Lucky Bitch*）作者暨理財探索營（Money Bootcamp）創辦人丹妮絲・杜菲爾德－湯瑪斯（Denise Duffield-Thomas），對我們的罪惡感和金錢故事有深刻見解：

我認為對大多數人而言，邊睡覺邊賺錢聽來就是在騙人。這就是癥結所在：我們被教導，必須努力工作賺錢，一分耕耘，一分收穫。被動收入打破這個公式，所以我們會質疑：「這是我應得的嗎？如果我沒有出力，要怎麼賺錢？」

我在二〇一一年創作《幸運兒》時，賣了十美元。每天早上醒來，想到有人買了它，都覺得很神奇。但也覺得很愧疚，因為那不是我應得的，雖然是我寫的，但沒有別的努力，感覺不該賺這一筆，覺得必須打電話給那些人，讀給他們聽，才能賺那十美元。

我們在一分耕耘，一分收穫的邏輯下長大，因為沒有「耕耘」，就好像我們做了什麼錯事，感覺自己在騙人，感覺那不是自己應得的，所以必須給更多補償。

在生活中，你的技能可能被他人低估，但這不代表你應該免費幫助每個人。你還是可以提供大量部落格和社群媒體的貼文，如果有人想知道更多，你的私人時間就可以收費。我已經建立上百則免費的影片和播客，也在IG上有超過四千則貼文——沒錯，有很多是狗的圖片，但大多數是關於金錢與商業的訣竅。檢視你在商業社群媒體上貼文花費的時間，那都是在服務你的社群，不要忽視這一點。

在商業和個人生活中，創業家不是無償做每件事，但我們卻這麼做了。短時間內，金錢這個概念不會消失——金錢在世界上造成許多問題，因為傳統上，它不在關心地球的人手中。我們可以用更多錢改變世界。

我刪除任何告訴自己不該為作品收費的人，你也可以這麼做。

◆掌握成本、預算及現金流

如果你想把生意從嗜好變成有利可圖又可擴展，就要考慮現金流。關鍵問題是：

- 你的課程理念是什麼？
- 你的收入目標是什麼？（你對課程的銷售量有什麼期待？請記住，銷售量不是利潤。）
- 你支持收入目標的長期預算是多少？

成功教練艾蜜莉·威廉絲（Emily Williams）在輔導過程中，分享許多金錢的內容。閱讀以下這些建議，能改變我們對金錢的心態：

為了讓你相信睡覺時可以賺錢，就必須先相信這是可能的。在許多情況下，可以看到其他人已經這麼做。身為人類，我們透過看到可能的例子來學習。對你的心態來說，最佳方式就是和正在做你想做事情的人在一起，例如邊睡覺邊賺錢。所以和那些已經在這麼做的導師學習，讓你的腦海充滿其他人實現的例子，而不是抱持質疑觀點。當你在認為不可能的群體或環境中更是如此，他們認為不可能賺大錢，或賺大錢不是好事。讓自己進入支持你創業的環境裡，將是這趟旅程中的重要步驟。

人們對金錢最大的阻礙，在於認為賺錢是錯的，不該貪婪或想要更多，應該感激自己擁有的。我意識到你可以心懷感激，同時仍然想要更多。

對我來說，最大的轉變是接受欲望對我的意義，必須認為自己可能實現一個願望，才會意識到它的存在，並且積極追求，有時候這就是承認自己真正想要什麼的過程！

許多人都聽過，錢不會長在樹上，賺很多錢很難，改變這些想法，問問自己什麼是最快、最簡單又最愉悅的賺錢方法，對我來說這等於改變遊戲規則，因為總是有簡單的方式賺錢。光是培養這種富足的心態，知道網路上有數十億人想要我的產品，就改變了遊戲規則，創造輕鬆的心態對我真的很有幫助。

製作一門課程時，要確保考慮到前期「計劃」成本，以及後續的固定成果（例如軟體、課程主機平台、價值分析等），你要確認支付那些費用後還能獲利。

為你的課程設定目的和收入目標聽來很嚇人又嚴肅，但是如果能想像自己的計畫，就更有可能完成！重要的是，知道你想從課程獲得多少利潤，以及如何分配預算。如果你沒有什麼時間，但很有錢，可以外包一些課程製作工作。你必須找出最適合自己的方法。

因此請記住，密切關注產生的收入和持續產生的成本。我建議你每個月檢視一次，你是否超出預算或需要調整預算？這可能不是本書最吸引人的話題，但很重要，有好幾種會計軟體能幫助你！新手可以試試Quickbooks或Xero。

製作一門課程，讓你能建立可擴展又非常有利可圖的業務，但是一定要追蹤支出！

第二篇

著手打造線上課！

第四章
規劃課程形式、綱要與內容

◇◆◇

在規劃課程時，你最好決定想使用的商業模式，想製作的是大範圍的招牌課程，一年舉辦好幾次發布會？還是想製作不斷重複銷售的招牌課程或迷你課程，不再做額外的正式「發布會」？

經營線上事業時，必須建立方法讓人們發現你在做的事，你可以舉辦發布會，為生意辦一場花哨的派對；也可以長時間出售線上產品。後者的好處在於持續銷售，也就是「常設商品」；然而，你必須確保有穩定的新客流量。本章中將涵蓋：

- 課程類型和授課方式。
- 形塑課程。
- 命名課程。
- 如何加上副標。
- 條列課程內容。
- 包含什麼內容。

- 排除什麼內容。
- 可以納入的其他附件。

我們先來討論每個模式，幫助決定最適合你的個性和生意；也將規劃課程路線圖，制定適合你和你事業的計畫。

◆課程類型和授課方式

在本書中提到兩種主要類型的課程：招牌課程和迷你課程。招牌課程是高價值課程，通常售價在三百英鎊（約一萬一千五百元台幣）以上，符合你業務的核心和靈魂，通常包含大量細節。建立這種課程通常需要大量的規劃、專注及努力；或者你可以提供迷你課程，它的價值較低，製作較容易，購買者也能較快吸收。對許多生意來說，這是很好的切入點，儘管沒有高價招牌課程那麼有吸引力。我以無痛價格出售低成本的「自信上鏡」迷你課程，作為通往其他高價產品和服務的大門。

雖然你可能有初步的偏好，但是讀完本章後，就會更了解什麼最適合你和你的事業。

有兩種方法可以銷售你的課程：

- 常設課程，代表它們持續有銷售量，但你提供折扣刺激消費者在時限內購買。
- 直播課程「發布會」，你可以每三個月發布一次，開啟購物車，銷售幾天，然後關閉購物車。就像落葉喬木一樣，這是季節性產品，你可以透過開啟或關閉購物車來創造購買的急迫感，營造產品的聲量。

無論你採用哪種方法，都要製造急迫感，讓人們認為必須馬上購買，而不是在社群媒體上猶豫幾小時，不點擊購買鍵。

迷你課程

當製作迷你課程時，你實際上是在販售一門平價產品，人們可以藉此試著了解，看看是否喜歡你和你的教學方式。產品定價可能從九英鎊到兩百九十七英鎊（約三百五十元到一萬一千五百元台幣）[4]，所以這筆投資不需考慮太多——隨著價格區間增加，消費者會考慮得更多。你可以日復一日地銷售這些課程，一旦製作好這項產品，就不用再投入多少時間。

這是我建立事業的產品種類，讓此時此刻想投資在某件事上的人可以從你的產品開始。

你可以製作一系列課程，從十九英鎊（約七、八百元台幣）開始，然後說：「既然你來了，想聽聽這門課嗎？」

例如想像酒吧服務生說：「您要喝什麼飲料？」接著問道：「您要加點橄欖嗎？」那你很快就會從點一杯飲料變成好幾杯，有些加點橄欖，可能還會點幾道開胃菜或主餐。

服務生在「促銷」，你的課程也要做一樣的事，帶著某人從橄欖到開胃菜，然後到主餐，再看看他們是否還能塞進一些甜點。有人在網路上購買你的產品時，拿著信用卡蓄勢待發，現在正是讓他們多買一些的時候。第八章將更詳細說明銷售漏斗。

招牌課程

把這門課程當成你所有作品的主菜，沒有開胃菜，直接進入主菜，這是一門扎實的課程，教導人們大量的知識和學習。你正要帶領學生走上一段旅程，給予他們成功的必要工具，至少讓他們深入理解一個主題。

招牌課程通常定價較高，需要更多和你的互動。因為售價較高，你可以每隔幾個月就發布一次，「開啟購物車」一段時間。潛在買家希望先透過社群媒體或臉書直播了解你，才會決定購買，一些招牌計畫也會在一定時間內，每週提供團體輔導會議。

---

4 編注：以台灣線上課程市場來說，最常見的平均單價約落在一千五百元至四千元左右，低於此範圍者通常是時長較短、以促銷宣傳與提供體驗為目的的課程產品。

課程的價位將幫助你決定，是否提供學生團體或一對一會議的即時輔導，還是只想自動化銷售課程，不再占用自己的時間。銷售超過一千英鎊（約將近四萬元台幣）[5]的課程，可能代表人們期望你付出更多時間，無論是團體會議或一對一討論。

你也可能收取更高價格，甚至多到數千英鎊，因此他們是對你進行高成本、高強度的投資。如果有人投入大量資金和你一起努力，並且得到支持，就更可能把事情做好，最終取得成功！

當然，你也可以調降產品定價，但是不提供面對面服務。當你透過直播向學生介紹課程細節時，動手操作可能很耗費時間。你或許要考慮這是不是好主意，因為你或許不想用時間換取金錢。

例如我有一門低價位的課程「建立和擴展YouTube」（Create and Scale on YouTube），教導如何在YouTube上取得成功。我已經製作影片課程與作業，人們可以在自學的環境中用自己的步調學習，所以我長時間全天候銷售這項商品，不再關閉購物車。

我也有一門招牌課程名為「我的課程學院」（My Course Academy），一年會發布幾次，教導人們如何製作課程。發布活動意味著我可以用更高價格銷售這個計畫，我也更加「親力親為」，每週都會有輔導會議，過程中的參與度也更高。這種方法更費時，卻讓我可以告訴人們如何製作課程，我知道他們在為投資我的時間買單。

「開啟」購物車（出售三至五天），然後關閉購物車（不再提供購買），利用這種方式發布高價課程，你的情緒可能會大起大落，希望下次大規模發布能夠成功。如果你喜歡發布活動，也非常外向，就會喜歡這種體驗；但是如果在兩週內都得精力充沛地現身，讓你覺得很有壓力，就會令人非常疲憊。如果你建立的是沒有直播的課程，不需要再投入任何時間，就可以重複銷售。你可以決定哪種方式適合自己。

什麼樣的課程適合你？

這裡有些問題能幫助你找到銷售課程的首選方法，因為計劃得越詳細，就越容易執行。我鼓勵你在筆記本寫下想法，不僅有助記憶，也更能專注在重要的事，提升思考的效率。

一、你想賣什麼？
二、你的理想客戶願意花多少錢？或許參考一下競品，他們的課程收費多少？有多成功？你現在想以什麼價位出售課程？你想銷售有團體輔導元素的高價課程，還是想製作一套低成本數位產品，銷售時不包含任何實際互動？
三、現在什麼方法最吸引你？為什麼？
四、你想專注在招牌課程或迷你系列課程？

5 編注：以台灣來說，超過五千元以上已可算是高價位的課程產品。

◆形塑你的課程

本章其餘部分將幫助你形塑課程，決定建立成功課程事業的所有要素。記得參考第二章有關理想客戶的筆記來回答這些問題，以確保你的想法仍然正確。如果你還沒和理想客戶交談，請先做一些調查！利用第二章的問題幫助你，若是你知道人們的需要和想要，課程規劃很可能會發生重大變化。如果你已經有了受眾研究的結果，現在是時候相應地調整計畫。

回顧一下，你的理想客戶為什麼夜不能寐？你在課程中要解決什麼問題或痛點（或者不是問題，而是你想在課程中滿足的欲望）。挖掘他們會現在會購買你課程的理由，他們面對什麼困難，以致於如果不買這門課，就會重複同樣的舊習和模式，無法改變人生？

一、找出他們現在的處境，他們為何受困？為何需要你的幫助？

二、不斷思考你的理想客戶，他們在困境、挑戰或痛苦中是什麼感覺。你能提供什麼解答？你的課程要如何解決他們的挑戰或問題？你要確保自己將會直接回答這個挑戰。當你了解理想客戶需要什麼時，就更容易用他們的語言交談，讓他們不用考慮就購買這門課程；必須用這門課減輕痛苦，讓他們繼續前進。

了解他們現在的處境，以及你將帶他們走上什麼旅程，你要讓理想客戶知道買下課程後將經歷的轉變，就像毛毛蟲蛻變成蝴蝶，你要傳達的是，他們現在或許覺得受困，但是很快就會進入狀態，一切都會變得更輕鬆，因為買了這門課程，解決特定問題，可以讓生活變得更好。

三、你想看到理想客戶有什麼轉變？你的完美客戶在課程中會有什麼情緒／挫折和感受？

四、他們參與課程**後**有什麼感覺？（例如他們**現在**的狀況如何？）

能夠推銷**轉變**是銷售課程的關鍵。你將提供受眾什麼轉變？你是否會帶他們從停滯不前到充滿動力，或是從受薪階級到自行創業？可以之後再慢慢修飾辭藻，這樣的技巧有助於行銷，或是為課程加上副標。例如：

「我的課程將帶你從精疲力竭回到精力充沛，讓你對人生充滿熱情。」

「我的課程將讓你從四處碰壁，變成輕鬆達成六位數業績的銷售高手。」

五、用一句話寫下你的課程，將如何把某人從某種感覺（如困擾／困惑、不知所措／有壓力／窘迫），帶到（成功／賺到六位數收入／健康／快樂等）。

◆命名課程的藝術

命名課程會帶來很大的解脫感！在那一刻，一切似乎水到渠成，都有了自己的動力。在那一刻之前，你會覺得被這個過程和決定壓得喘不過氣。我們會花費好幾個小時考慮為兒子命名。兒子出生一週後，還住在加護病房，醫院的名牌寫著「扁豆」（發現自己懷孕時他的大小！），甚至醫院的文件都開始以為他的暱稱就是真名！丈夫和我坐在醫院附近的咖啡廳裡，他說我們得決定了。三十分鐘後，名字出爐！

所以給自己二十分鐘，定好鬧鐘，開始腦力激盪！抱持「完成比完美更重要」的心態，想一些適合的名字，也要符合檢核表上所有關鍵面向。如果搭配鬧鐘的急迫感，就更容易做出決定。

課程名稱應該表現出課程的好處和願景（能為買家做什麼）。你能回答這門課程是關於什麼嗎？如果想不出課程名稱，試試這個公式：

〔**你要解決的事**〕一〇一：如何從令你受困的〔**問題**〕到井然有序的〔**解決方案**〕。

副標使用押韻的效果很好，但並非必要，例如「組織一〇一：如何從雜亂無序走向平靜有序」。不要花費太多時間糾結標題，名稱不必完美，如果以後不喜歡，還可以再改。

課程名稱應該傳達什麼？

有三種類型的課程名稱可供選擇：

一、結果導向型標題

範例：

- 二十一天冷靜冥想課程
- 製作和擴展YouTube
- 創造你想要的人生

二、直白表達型標題

範例：

- 如何創造成功的家園
- 五十歲以上初學者瑜伽
- 十分鐘健康家庭餐

三、創意古怪型標題

範例：

- 光、攝影、影響力（Lights, Camera, Influence，我的課程）
- 直播，然後聲名遠播（Go Live and Thrive，我的課程）
- B學院〔B-School，瑪莉・佛萊奧（Marie Forleo）的招牌團體課程〕
- 靈性迷大師班〔Spirit Junkie Masterclass，嘉柏麗・伯恩斯坦（Gabrielle Bernstein）的課程〕

一開始，我覺得有趣又古怪的名稱很不錯，因為喜歡「創意」，但事實上直截了當比聰明機智更重要，人們需要**了解**你的課程提供什麼，能從課程得到什麼**結果**。

一、哪種名稱類型最吸引你？

二、你的課程名稱是什麼？（如果還不確定，寫下正在考慮的名稱。）

一旦決定名稱後，詢問自己以下這些問題。

課程名稱確認清單

- 名稱是否琅琅上口？找一些特別的名稱。
- 是不是盡可能簡短了？
- 我的課程名稱好記嗎？名稱要容易記住。
- 它能告訴潛在買家課程內容嗎？能讓我的理想客戶產生共鳴嗎（見第二章）？
- 它是否表現出課程的優點？是否清楚？清楚比風趣重要。
- 它和其他相似內容的課程名稱不同嗎？
- 課程名稱是否容易大聲說出？記住，你會在直播影片和網路研討會上談論。
- 課程名稱是否直截了當？有時候吸引人的創意不一定有效。問問自己是否得一直解釋課程內容，還是它的名稱已經簡單易懂。
- 有什麼關鍵字可以透過搜尋引擎最佳化（Search Engine Optimization, SEO）輕鬆搜尋到？是否有什麼衝突的名稱？
- 商標是否可用？是否侵犯任何現有商標？（上網查，下一節將會說明。）根據製作的線上課程種類和課程名稱在你品牌的重要性，或許可以考慮註冊名稱，以保護使用。
- 課程名稱是否用在其他地方？查閱Google和臉書上，務必確認名稱沒有被使用；有時如果有人擁有這個網址，不一定會出現在Google搜尋結果的第一頁。

- 你能註冊網域名稱嗎？
- 它是否通過臉書測試，是否可用？
- 最重要的是，你喜歡這個名稱嗎？

記住，你的課程名稱應該表現出：

- 課程的優點
- 願景——它將為你做什麼
- 它關於什麼

就像為小孩命名一樣，你的課程名稱也應該有意義和連結。

◆檢查網域名稱

檢查網域名稱，如果可以用課程名稱就快買下！GoDaddy是檢查網域名稱的好地方，還要看看這個名稱在臉書上是否可用，確認大品牌或網紅沒有使用你想用的關鍵字或句子。

◆盡可能申請註冊商標

是的！註冊商標後，能確保其他人無法擁有合法權利使用你選擇的課程名稱。在製作課程前查查標題，才不會動手後又發現標題不能用。如果你因為標題被註冊而不得不更改，就會很麻煩（這是經驗談！），因此請做研究，檢查課程名稱是否可用，當你能負擔時，就可以申請註冊。

這個領域可能很複雜，所以如果你有任何疑慮，建議可以聯絡所在地區的專業律師。我在美國註冊商標，因為大部分業務都在美國。在美國註冊一個品牌通常需要五百美元左右，你可以請專業商標公司協助，會比找傳統律師事務所來得便宜。

檢索商標可以參考這些網站：

一、美國專利及商標局（United States Patent and Trademark Office）

二、英國智慧財產局（UK Intellectual Property Office）

三、經濟部智慧財產局．中華民國專利資訊檢索系統

◆命名副標的藝術

使用副標可以充分解釋你的承諾和課程將實現的目標，在標題裡寫出會發生的**轉變**。例如，「建立和擴展 YouTube ——創造一台不斷帶來客戶的機器」。

題目要集思廣益（也可以參考同義辭典）。

◆規劃你的課程

理想上，每個課程應由六至八個核心模組構成，這些模組構成課程架構。這些模組裡可以包含幾段影片，或是其他附加內容。大致說來，如果是招牌課程，每個模組會包含三至五段影片；如果是迷你課程，每個模組則會包含一段影片。選擇適合和感覺正確的事，相信你內心的直覺。

首先，找一塊白板或一疊便利貼，開始思考課程想採用什麼結構。給自己一點時間計劃這件事；別急，在這個過程要樂在其中！

◆大綱的腦力激盪

想製作網路課程，一天撥出四個小時，給自己空間發揮創意。在白板或便利貼寫下想法，給自己時間腦力激盪，把所有的想法都寫出來。利用房間裡的一面牆，或是任何可以發揮的地方！找一個實體空間，讓你可以釐清想法。還是那句話：別急，這個過程要樂在其中，放點音樂，讓自己發揮創意！如果覺得自己卡住了，我都會聽點振奮人心的音樂，也會冥想，讓思維進入正確框架，如此就能保持專注和創造力。

如果你使用便利貼，一個模組一張（或是一段訓練影片一張），確保你掌握關鍵點，之後就可以擴展。規劃關鍵模組，標示出每個模組需要的影片和訓練。用項目符號標示出每個模組中的課程想法，每個課程都是獨一無二的，所以很難量化每個課程該有多少模組或課程，這取決於課程的內容和價格。正如我建議的，好的經驗法則是六至八個模組，如果最後你的模組更多或更少，也不必覺得有壓力！最關鍵的是，課程的結構和長度要符合內容與價格。

◆構思讓人看見轉變的課程模組

一個人要**轉變**，關鍵步驟是什麼？要從停滯到井然有序的關鍵又是什麼？在設計每個模組時，確保你有讓人看見**轉變**。詢問自己以下問題：

- 每個模組對課程的全局有什麼幫助？
- 每個模組對理想客戶可以達到什麼結果？
- 模組是否讓他們更接近轉變？
- 在讓他們前進到想要的結果時，這些資訊是「必備」還是「最好擁有」？

如果沒有讓他們更接近更想要的結果，請重新思考這個模組。

◆製作有趣的課程內容

現在把你的想法轉移到Google文件，或是一個安全的地方，才不會弄丟了。便利貼弄亂後會讓人困惑，所以必須將這些想法轉移到文件上。

允許自己為課程增添色彩和活力，比起無聊的事實，人們更容易記得故事和軼事，所以要加入一點光影。課程要有趣，人們才更有可能樂在其中，並在過程中學習！

現在開始為每個模組建立內容，把腦海裡的東西都倒出來，確認你什麼都想到了。

如果你覺得困惑，就回到發揮創意的便利貼或白板上，播放一些具創造性又鼓舞人心的音樂（我發現YouTube上的Pura Rasa頻道很有幫助）。

再回到第二章的理想客戶研究，你的理想客戶想要什麼轉變，他們需要採取什麼步驟才能從停滯變得井然有序？

如果你覺得卡住了，別坐著，出去散散步、做瑜伽或是能激發你創造力的事。

◆確保課程內容流暢

你已經把腦海裡的東西倒出來了，現在是時候去蕪存菁了，有沒有不太符合的內容？內容適合你嗎？在日記或筆記本回答以下問題：

- 模組的順序對嗎？學習過程是否自然流暢？和與課程沒有密切關係的人討論一下。
- **每個模組中的影片順序正確嗎？**同樣地，在分享內容時流暢嗎？
- **你的課程結構是否流暢？**你的故事和軼事是否相關？

我發現使用Lucidchart或其他流程圖繪製軟體規劃課程很有用，如此便能快速移動課程模組方塊，或是也可以使用白板；換句話說，用適合你的方式來精煉想法。關鍵是你要為學生製作一套易於理解和遵循的系統和結構，問問自己，內容和模組是否合理，如果不是，是時候重新定義和調整。

我們來精煉修整你的內容，想像自己是園丁，修剪有助於蓬勃生長。你需要剪下什麼？有沒有和課程大綱不一致的地方？某些部分和模組的詳細程度對於達到課程目標而言，是否沒有必要？

另一方面，有時候你知道得多一些，就容易對理想客戶做出假設。你是否假設他們擁有某些知識，但其實沒有？他們還需要什麼幫助？你是專家，但希望他們了解這趟過程和旅程。

- 他們能跟上嗎？
- 你有沒有遺漏什麼關鍵想法？
- 你是不是弄得太複雜？
- 還是你把事情過於簡化？

這時候我發現和丈夫討論是有用的，畢竟他同為課程教練；或許也可以找朋友、教練或某個可以信任又能客觀看待你生意的人討論，如此能幫助你解釋課程結構，並找出遺漏之處。

◆提供輔助學習的附加文件

我的課程都會提供練習作業，將東西寫下來不僅有助於記憶，專注於重要的事項也能讓你的思維更有效率。除了課程影片外，你可能想增加一些附件，幫助人們學習。有些人靠著視覺學習，有些人則透過聽覺或動作學習（像寫作一樣），用Google文件或PDF製作練習作業，可以讓學生在學習時做筆記。製作引導冥想也能幫助學生想像，或是進一步強化他們的理解。你或許能做一份計畫表，協助學生規劃時間，或是一本可以記錄他們感受的日記，你知道哪一種線上產品最適合學生和他們的需求。

你要強化學習過程，學生才會好好上課，但不要把過程弄得太複雜，你可以從受眾研究中了解你的學習和他們的需求！我曾購買大網紅的超大型課程，在忙碌時，這種課程讓我感到不知所措，所以請保持簡單。你希望人們好好上課，可以用很多方式達成目的。例如：

- 如果你教導線上業務，能否增加一份學習資料夾（書面銷售文案）？
- 如果教導營養學，增加一份線上計畫表，幫助他們保持進度。
- 或許你可以在一定天數內，每天發送電子郵件或訊息推播。
- 提供必做事項的確認清單。

- 小抄（或初學者指南）總是有用的。
- 聲音冥想有助於克服特定阻礙或釐清思緒。
- 或許你的課程可以增加錄音版，讓他們一邊開車／跑步一邊聽？
- 如果你教導的是某種烹飪方式或某種食物，可以附加一本食譜。
- 或許你不愛用PDF，但可以用Google文件，讓人們記錄。藉由簡化教學內容，附加內容可以對學生有益，並提供重要的收穫。

一、需要附加文件嗎？什麼最吸引你？你想為參加課程的人提供什麼？

現在休息一下！製作課程大綱要全神貫注，也很有挑戰性！給自己時間沉澱想法；集中所有想法，仔細閱讀你的筆記。有時給自己一、兩天的時間，重新評估是否遺漏課程的關鍵部分，是非常必要的。盡可能保持超然，把自己當成理想客戶——他們還需要知道什麼？

二、你還有什麼需要補充的嗎？

◆慶祝完成大綱的時刻

擬定大綱很困難，現在你已經完成了，是時候小小慶祝一下！做點什麼來慶賀你已經克服課程製作中最大的障礙。

有很多研究表明，一路上舉辦這種小慶祝，享受這個過程，代表你越有可能完成這項計畫。慶祝小成就有助於保持動力，也能讓你繼續按照計畫前進。科學證明，如果你享受這個過程，就會釋放最能帶來快樂和動力的多巴胺，所以在慶祝這個過程時，就會刺激多巴胺，它會告訴你的大腦繼續前進，然後你更有可能保持動力，完成課程，所以慶祝吧！

第五章
錄製影片與上鏡的細節

◇◆◇

本章要討論錄製課程；對許多人來說，製作課程、錄製行銷影片是極大的難題。我將分享一些工具和技巧，幫助你建立信心，然後討論製作課程時需要考慮的事。不過要先提醒你，在製作課程時，最重要的是**熱情**，它能帶你度過恐懼、挑戰和障礙。

◆懷抱你的熱情和使命感

我十幾歲時，週六下午會到電影院賣爆米花，運氣好時，會溜進去看最新上映的電影。我喜歡的女演員既美麗又活潑，會讓男主角吃盡苦頭，似乎要征服世界。幾年後，在一個寒冷的十二月，我站在巴黎的紅毯上，雙腿發抖，麥克風也抖個不停，在等這個無所畏懼的巨星來跟我說話。

鑽石漂亮地掛在她優雅的脖頸上，她的法國時裝上有著閃閃發亮的亮片，整個人光彩奪目。剛剛看著她在精彩的老派音樂劇中載歌載舞，讓我也想在這個地方跳舞。這位如天鵝般優雅的生物穿著卡爾．拉格斐（Karl Lagerfeld）的連身裙，沿著紅毯向我走來。

我微笑，她茫然地看著我。

我帶著小狗般的熱情提出問題，她回答……

然後我意識到：她冷若冰霜，惜字如金。從遠處看，她很迷人……但近看，冰山美人沒有融化。她興趣缺缺，心不在焉。她沒有看著我的眼睛，她分心了……實話是——她不**在乎**！

我們的採訪很無聊，最後也沒有播出，我很傷心。

攝影師奧列格說：「振作一點，她也只是人。」那時候，我意識到我們都是一樣的，化妝、花俏的連身裙和宣傳人員都買不到你的自信。自信不是與生俱來的，是你選擇開啟的技能，也是你需要努力才能得到的。

在二十年的電視和廣播生涯中，我從極佳攝影團隊學到打光的技巧，向一線化妝師學習，也曾訪問世界最知名人士。髮型、妝容和華服有助於你在攝影機前的表現，事實上和這些東西無關（雖然我不想撒謊，但讓人協助打理臉部妝容和髮型，的確會讓你武裝自己，充滿信心）。

艾美．柯蒂（Amy Cuddy）在TED演講中說得對，我們可以「假裝，直到你成功」。然而這一刻的核心是熱情和使命感，即使你缺乏自信，它們也會帶你度過難關。巴黎紅毯的那一刻只是提醒我，如果不在乎自己創造的東西，觀眾都感受得到。

現在如果我們優雅地離開紅毯，走進製作課程的房間裡，這套原則也同樣適用。你要滿懷熱情談論熱愛的事物，這勝過一切，如果你沒有自信，我保證你可以活動自信肌肉，選擇運用你的力量。

這是你為許多人創造真正改變生活的機會，你想讓缺乏自信和無止盡的喋喋不休，成為沒有勇往直前，實踐熱情計畫的原因嗎？你可以選擇想和世界分享的故事，想告訴潛在客戶什麼故事？你沒有信心的故事，或是如何克服恐懼、阻礙，不顧自己有限的信念和經歷，也要堅持到底的故事？

第一次製作課程時，許多人對上鏡頭都有巨大障礙，包括我在內，擔心自己不夠好、不夠吸引人或不夠聰明。但事實上，**你夠好**。當你分享自己的快樂和對熱愛事物的了解時，你的慷慨精神都會顯露在螢幕前。當你熱愛自己所做的事，做熱愛的事，它會影響一切。你的受眾想要感受你的熱情，希望你穿著睡衣出現，說出內心的想法，他們想要真實，沒有什麼比真實的**你**更真實！你有超能力可以和世界分享，你非常有才華，極其美好。

是的，你夠好了。我要你一再重複這句話。在家裡貼上便利貼，反覆強調你夠好了，是時候錄製一段影片，開始向全世界分享你的專業。

◆建立「你已經夠好」的自信

缺乏自信或害怕被人看見，不會再限制你的夢想和野心，我的使命是幫助你突破這些限制，為你和家人建立真正能改變生活的課程事業。

你可能認為因為我在電視台工作那麼多年，所以對我來說很容易，我會再分享一些非常私人的事。發現懷孕時，我正在烏克蘭報導俄羅斯入侵，當時在服用葉酸，躲避狡猾的俄羅斯叛軍，並假設在生完孩子後，還能重返電視新聞業。兒子的誕生改變一切，分娩過程很艱難，導致我有嚴重的尿失禁，離家就得一直上廁所，我不能再進辦公室，更不用說上前線採訪。所以我放棄紅毯和前線，開始全職媽媽的生活。我感到非常困頓、非常寂寞，也非常失落。我知道自己想做其他的事，但是覺得自己不太適合工作，誰會想要聘用一直尿濕褲子的前記者？

現在回想起來，但願我曾為產後憂鬱症尋求更多幫助，可是我沒有，網路成為我的社交生活世界。

兒子出生後，我創業了，但是自信不復存在。我第一次上鏡頭時，擔心自己不夠好或不夠漂亮，我是內向的人，喜歡躲起來；我是幕後的人，寧願洗碗，也不願在聚會上混在一起閒聊。上鏡頭對我來說不是自然而然的事，我在二十多歲時花費很多時間環遊世界，在那段時間裡，只有兩張照片裡有我；我想躲起來，不想任何人「看到我」。

我覺得自己太老，擔心巨大的眼袋、皮膚和酒糟鼻，害怕二十年沒聯繫的老校友會怎麼想，或是老同事會不會嘲笑我，覺得自己太胖，說話結結巴巴，會臉紅，人們會嘲笑我。

我們討厭在影片中看見或聽見自己，討厭意識到螢幕上的自己和腦海裡的自己不一樣，擔心其他人會說什麼，如果他們嘲笑我們，或是觸發童年「被看見」的記憶呢？我們覺得無所遁形。事實上，攝影機不可怕，可怕的是讓我們變得脆弱的評論。

或許你不喜歡自己的聲音，或害怕大腦突然當機，會自問：如果我的外貌不夠好呢？如果人們認為我愚蠢或無能呢？如果我的聲音聽來遲鈍、不可靠呢？或者像在自言自語呢？

或許你擔心被看見、被肉搜，或是有人會嘲笑你，會寫一些可怕的評論，人們可能會說一些做夢也沒想到會對人當面說的話，但是你知道嗎？一般來說，網路上大多數人都是表示支持又友善的。

或許你會想到其他的經驗？我們的想法會循環播放。童年回憶經常觸發我們的不足感，我們在班上發言或是學校表演時，可能遭到嘲笑。認識那些感情和情緒，探索為什麼你會有被觸發的感覺，並鑽研那段回憶。

約翰．布雷蕭（John Bradshaw）的著作《回歸內在》（*Homecoming*），讓我如釋重負，讓我探索自認不足的感覺，安撫我內心的孩子，並且能繼續前進。如果你苦於不敢上鏡頭，花點時間了解自己為什麼會有這些阻礙和恐懼。賣出超過四萬堂「自信上鏡」課程後，我知道許多人都害怕站在鏡頭前；我保證那些不值得和不足的感覺並不獨特，上鏡頭雖然很有壓力，但事實上你越練習，這種經驗就越不可怕。

當我們開始新事物時，可能會非常棘手又具有挑戰性。心理學家安迪．萊恩（Andy Ryan）和唐恩．馬寇瓦（Dawn Markova）發現，如果我們利用過去的正向經驗，建立在現有的神經通路上，新的習慣就更容易付諸行動。想想你可以利用哪些經驗幫助自己站在鏡頭前，你在以前的職位上曾培訓其他人嗎？或許小時候喜歡在學校裡演戲或跳舞？或是在婚禮之類的社交場合發言時很害怕，但其實很順利？寫下你可以利用的正向經歷清單。

萊恩和馬寇瓦找出三個區域：舒適區（comfort zone）、伸展區（stretch zone）及恐慌區（panic zone）。[6] 舒適區是不需要真正思考就能自動完成的地方；伸展區則帶著一點挑戰，可以冒險、擁抱新的想法；但當我們走出舒適挑戰的界線時，就可能是恐慌區，在其中會感覺到壓力。第一次進行臉書直播時，你或許會認為自己在做最可怕的事，覺得很有壓力，也極不舒服，但是直播次數越多就會越容易，突然間直播影片只是稀鬆平常的事，不需要多加思考。

鏡頭前的自信並非與生俱來，而是習來的技能。自信

6 舒適、伸展、恐慌模式最早是由萊恩和馬寇瓦開發的，也寫入萊恩的著作《今年，我會》（*This Year I Will*），這本書於二〇〇六年由Broadway Books初次出版。

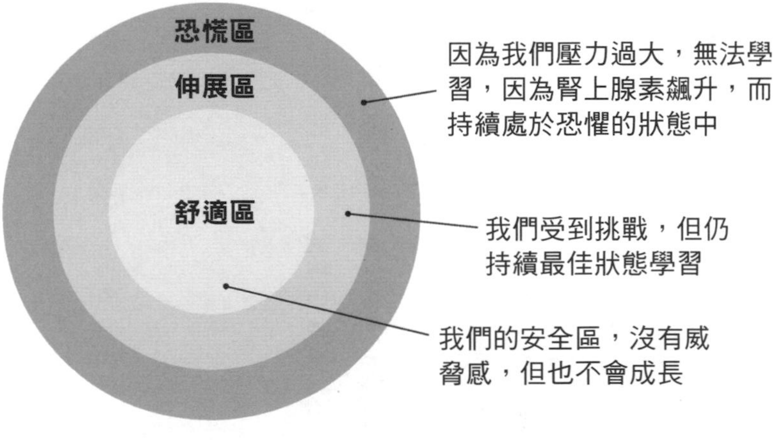

恐慌區
伸展區
舒適區
因為我們壓力過大，無法學習，因為腎上腺素飆升，而持續處於恐懼的狀態中
我們受到挑戰，但仍持續最佳狀態學習
我們的安全區，沒有威脅感，但也不會成長

是我們能伸展的肌肉，我們越是踏出舒適區，進入伸展區，這件事就會越容易；越是踏入伸展區，持續錄製影片，就越容易站在螢幕前。

所以你如何從恐懼變成快樂，並且在鏡頭前感覺自信呢？當你改變東尼．羅賓斯（Tony Robbins）所說的「狀態」時，就可以轉變到較快樂的狀態，你的狀態是思維的心理框架，可以輕易改變這個狀態，改變你的感覺。「我的兒子看到玩具恐龍時，可以破涕為笑。如果六歲孩童可以做到，我們也可以。」[7]

想像你忙著工作，感覺壓力很大，這時候快遞來了，是好友送來的美麗花束，你很快就會露出微笑，感覺被愛！你的狀態馬上改變了，訣竅是認識到你可以選擇從壓力到放鬆，只要你有意識地決定重新建構思想。

經歷多年的尷尬後，我終於明白只要踏出步伐，一步步往前走就可以。你可能會覺得越來越不舒服，沒關係，我們都會覺得不舒服，但這不是躲避的理由。你必須採取行動，就像肌肉一樣，越使用越能進入伸展區，也會越容易。

我打開自己的臉書粉絲專頁，按下「直播」，然後開始說話。我的第一支影片看起來很緊張，我討厭看著自己，不知道該說什麼。我設法撐過去了，結束後意識到自己需要升級這場遊戲。

上鏡頭有點像是約會，一開始，你想努力讓自己看起來最好，但只要開始感覺舒服一些，就樂於變得更放鬆。一旦你做過一段時間的臉書直播，或許不會再在意你的髮型和妝容，不過這兩項一開始對你會有幫助。現在我經常穿著睡衣錄製ＩＧ短影片，這是剛開始從未考慮的事。

我們將把重點放在，能幫助你獲得自信並錄製影片的事情上。

◆錄製影片讓課程更受歡迎

製作課程時，影片是讓課程受人歡迎的關鍵原因之一，你可以錄影或使用投影片，我建議兩者並用。錄製影片可以讓你與觀眾產生連結，建立關係，表示人們更可能了解你、喜歡你，這對企業主很重要，因為你希望他們購買你的課程，並且**持續**購買。

我們靠著與人們在螢幕前建立關係而成長；或許你小時候曾躲在沙發後看《超時空奇俠》（*Doctor Who*），或是崇拜《六人行》（*Friends*）裡的角色，大腦無法分辨電影裡角色和現實生活中的人，所以對他們形成與真人一樣的感情聯繫。在社群媒體時代，這一點更為明顯。人們認為他們「認識你」，因為看過你的影片，因此更可能購買你的產品。

我知道自己說了**很多**關於影片的事，但事實上許多企業主避免上電視，不想在螢幕前分享故事——他們錯過了！利用影片的力量能大幅提高利潤。當我開始做生意時，知道利用影片推廣生意

7 www.tonyrobbins.com/mind-meaning/how-to-reset-your-mind-and-mood.

將是行銷彈藥庫裡的重要資產，不管它會讓我多不舒服，也不管我的背景是什麼。

漸漸地，我開始找到受眾，觀眾開始增加。人們喜歡我說的話，點擊率增加了。臉書表示，使用影片時，銷售額會增加五倍。我運用身為電視記者的技能和知識，其他的都眾所周知，現在我知道如果自己沒有那麼做，今天就無法寫作本書，也無法經營數百萬美元的生意。

如果今天你得做一件事，就上線吧！直播對於和觀眾培養關係有很多好處，是準備課程影片內容的絕佳方式，也能幫助你建立受眾，光線、化妝和一點小準備，都能幫助你在一開始更有自信。

克服被關注的恐懼是生意成功的關鍵要素，直接與觀眾交談，和他們建立關係，直播可以幫助你轉變產品和服務。臉書和ＩＧ為你提供**免費**方式，只需按鈕錄下影片，就能接觸上千萬潛在客戶。不利用最便宜也最有效的行銷方式，就是在傷害自己和你的夢想。

你在鏡頭前的自信很重要，這會影響利潤。你願意花時間克服那些恐懼，在鏡頭前展現自信嗎？如果涉及你的課程，你在社群媒體上的影片越有自信，課程內容就會越好。開始行動吧！

◆你對上鏡頭有什麼感覺？

- 如果你在鏡頭前有自信，生活會有什麼不同？
- 你為什麼在鏡頭前會不舒服和不愉快？是什麼引發那些感覺？為什麼？

- 克服恐懼會是什麼感覺？你想活在過去，或是走向未來，擁抱新的工作方式？
- 想像你在鏡頭前、分享專業的模樣，會有什麼感覺？
- 建立暢銷課程時，對你的生活會有什麼影響？

技術提示：在鏡頭前保持自信不只是你腦海中的想法；也可以利用技術，找到方法維持自信。

◆建立自己的迷你工作室

製作課程時，可以考慮建立迷你工作室，建立品牌認同。你不需要花俏的空間，只要臥室的一個角落，甚至是車庫，都能建立迷你工作室。你可以用一張圖片或幾個架子打造背景，考慮放點植物、一些裝飾品或是一張桌子。考慮增加一點品牌色彩，或是使用一個道具，都有助於為課程創造形象。

約會教練黛柏拉・索普（Debra Thorpe）把車庫改造成迷你工作室，錄製課程；新生兒醫院的工作人員賽茲被解僱時，將父母的地下室改造成工作室，錄製「選購衣櫃」（Shop Your Wardrobe）課程。

你可以使用稱為DSLR的較精緻攝影機來錄製課程，但是隨著技術的進步，智慧型手機更好用，畫質也幾乎相同。記住，喬治・克隆尼（George Clooney）最喜歡的導演史蒂芬・索德伯（Steven Soderbergh），只用iPhone手機就製作好萊塢電影。智慧型手機款式越新，鏡頭品質越好，別忘了，你或許需要增加手機的儲存空間。

有些人對著筆記型電腦說話更舒服，習慣用Zoom開會，所以這只是很自然的下一步，買一台網路攝影機，即可大幅改善影片品質，還有你在鏡頭前的模樣，可以看來年輕十歲，似乎還能消除皺紋和斑點。如果有一種方法能隨身帶著環形補光燈和網路攝影機，我一定會報名這項服務！

如果你要用筆記型電腦，推薦使用羅技（Logitech）攝影機，效果非常好，真的能讓你看起來更年輕，也能消除皺紋！

你需要打光嗎？

光線對影片品質有巨大影響，如果可以，來自身後的自然光最好，但是如果你和我一樣，住在鄉間小屋，只有小小的窗戶，或是在灰暗的十二月天拍片，就需要動用所有輔助。環形補光燈或柔光箱能大幅改善你的影片品質，也能讓皮膚看起來更好（還能讓你看起來更年輕！）。

照明是很好的投資，也可以用在Zoom通話，讓你看來較有光采，在鏡頭前也更上相。

你的聲音如何？

利用iPhone的麥克風直播絕對沒問題，但是如果你要製作課程，就必須確保聲音品質夠好。如果使用筆記型電腦，可選用Blue Yeti雪怪麥克風；如果用手機，則可選用Rode SmartLav。

你打算自己動手，還是僱用他人幫忙？

如果你打算自己來，就要保持簡單，學習基本的影片編輯，這既複雜又耗時，有時我真想把筆記型電腦扔出窗外。如果你已建立成熟的企業或負擔得起，一定要僱人協助編輯。最壞的情況是，找懂技術的朋友／夥伴／孩子幫忙，會讓人生簡單許多！

◆放鬆談論課程內容

在你錄製課程內容前，練習在社群媒體上對著受眾直播，你談論得越多，就會越流暢（同時也可以推廣課程！）。我們舒服地談論主題時，你的表現會越好，對觀眾來說也越有趣。你要將腦海裡的內容放到心裡，這樣才能充滿激情地說話。

我強烈建議你在社群媒體上練習內容，才能輕鬆談論你的課程內容。決定說什麼話可能會阻止一些人真正動手錄製影片，你或許擔心大腦當機，或是覺得自己不夠「專業」，或是擔心人們聽不懂你的口音。我有很多客戶都曾表達這些恐懼，但事實上你可以克服這些問題。

如果你第一次錄製影片，就是走出舒適區，走進恐慌區。所以在你按下按鈕前，準備好要說的內容，可以先花二十分鐘寫下部落格文章或電子郵件的想法，也可以花五分鐘記錄一些要點。

無論如何，留給自己空間和時間思考要說的話，想想如何分享你的經驗與知識。如果你對上鏡頭覺得緊張，就聽聽音樂，直播前跳跳舞，跳舞可以釋放壓力荷爾蒙皮質醇。練習對著手機鏡頭說話，記得要對著鏡頭，而不是對著螢幕，或許一開始可以在螢幕前貼一張便利貼遮住臉，你才不會因此分心。

在錄製社群媒體影片時，你常會覺得是在自言自語，要想著對某人說話，和他們建立關係，你可以「給」他們什麼？什麼價值和見識？

討厭自己的聲音要怎麼辦？

很多客戶來找我，表示討厭自己的聲音，可能是不喜歡自己的口音或聲調。我要告訴你一個祕密：**沒有人**喜歡自己的聲音。科學證明，我們真實的聲音和腦海裡的聲音不一樣，科學家已經能證明說話者的「我們」聽到的內部聲音，和聽眾聽到的聲音不一樣。

說話時聽到自己的聲音，是透過骨頭和空中電波傳到我們的耳朵，我們聽到唱片裡的聲音，則缺少骨骼中低頻豐富的聲音頻率。聽到錄音時，自己的聲音也沒有這些頻率，所以會感覺不一樣，聽起來較高，也有些差異，和我們預期的不同，所以不喜歡。

我記得第一次聽到自己聲音時嚇了一跳，不過多年後就習慣了，我不敢說自己喜歡，但你也會習慣的。記住，我們比其他人都更要求自己。

利用深呼吸調整聲音

不想在語句結尾時發出高音？有一個很直接的解決方法：這是我們時時刻刻都在做，但從未注意到的事。問題是多數人很多時候會忘記呼吸，呼吸會變淺，因此經常缺氧。如你所知，我們需要氧氣才能生存，深呼吸時，橫膈膜（我們想像的內衣帶）會往下，肺部完全利用，所以身體得到所需的氧氣。

深呼吸時，你會保持鎮靜和專注，也會幫助你聽起來更有權威。深呼吸時，肺部獲得足夠的氧氣，讓你可以說完整段句子；缺氧時，你會感到恐慌，「原始人」大腦開始運作，也就是你的緣腦。如果正常呼吸的話，就能使用你的大腦皮層，也就是思考大腦。使用這部分的大腦，能更有效表達你要說的話，也不太可能發生大腦當機的現象。

在你恐慌時，聲音會提高；如果保持鎮靜，肺部充滿氧氣，語氣就會較慢，也不會發出怪聲。

練習有意識的呼吸，然後再冷靜地直播，看來就好像一切盡在掌控之中。如果你放鬆而專注，人們的反應也會更好，也有助於你的聲音更莊嚴和權威。如果你想清晰思考，在鏡頭前聽起來更好，就要記得呼吸。

《找到你的聲音》（Find Your Voice）作者卡羅琳．戈德（Caroline Goyder）分享她的智慧：

有個真正的祕密可以幫你在鏡頭前表現出色。你知道厲害的主持人總是帶著溫暖、放鬆的語調，帶來溫暖、放鬆的談話風格嗎？訣竅是擺脫你的大腦，不要擔心自己表現的好壞，不要想著自己剛說的話，不要聽自己的聲音，而是將注意力放在身體上，你的聲音開始的地方。你的聲音在呼出空氣，它從身體的中央開始，從肺部流出，由胸腔和橫隔膜的肌肉提供力量，不要從頭部聽到你的聲音，而是從身體中感受，當你注意到聲音的來源，而不是你製造的聲音，就能在鏡頭前表現得更吸引人。

你將注意力從頭部和喉嚨，轉移到身體的中央，然後說話的不再是一顆頭，而是一個引人注目的具體存在。想像「將大腦放到肚子裡」會有些幫助，或是你喜歡中國人所說的心腦合一，你或許可以選擇將注意力放在內心。重要的是，你注意的是身體，而不是大腦，如此能讓你說話更加流暢、自由和輕鬆，就能找到鏡頭前閃耀的那個簡單的你。

這一切都等著你發現！

如果你在影片中說的是第二語言，恭喜你！就像在真實生活中，人們會因為你是你而喜歡，不管你對自己的口音有多擔心也會愛上你。

你緊張時，可能需要多花一點時間才能處理想法，你的兩秒感覺或許像是一輩子，但對觀眾來說，那只是一個暫停。提供價值，人們會傾聽，你有很多事要和世界分享，現在是你影響世界的時候。一定要寫下一些要點，在大腦當機和恐慌時，還有東西提醒你。

◆使用提詞機作為輔助

如果在錄製影片時擔心大腦當機、神遊天際或偏離話題，可以看看智慧型手機上的提詞機。你可以寫一份手稿，螢幕會以適合的速度提詞，幫助創造充滿資訊又簡潔的內容。

提詞機的缺點在於，你會失去說話的自發性，看起來會像機器人，所以要小心使用，人們想看到你，而不是機器人。使用提詞機需要練習，所以不要期望在一開始就能發揮作用，想想新聞播報者花費多少年才磨練出技能。

◆鏡頭前的身體語言

聽過這句話嗎?「你說什麼不重要,怎麼說才重要。」沒錯,尤其是在鏡頭前。在真實生活中,人們根據見面前七秒,對方的身體語言來判斷一個人——他們的笑容、眼神接觸、語調和握手。在影片中,人們在前三秒就能做出決定。

人們尋找即時的社群媒體滿足感,你的肢體語言很重要,說話時看著鏡頭(手機上的小點),而不是螢幕,對著觀眾微笑,肩膀向後,保持開放的姿勢。

教授亞伯特・麥拉賓(Albert Mehrabian)在一九七一年進行一些研究,發現只有七%的交流是透過口說。這表示我們聽到的語言只占一小部分,而非語言溝通,也就是**肢體語言**重要得多。他發現,九三%的交流都與我們的語調和肢體語言有關。[8]我們溝通的占比:

- 七%:語言(說了什麼)
- 三八%:語調(說話的方式)
- 五五%:肢體語言

想想你怎麼觀看社群媒體上的影片，有沒有打開聲音？那些爆紅的影片，是一連串的照片加文字，或是影片加文字？越來越多人在無聲狀態下觀看影片，臉書上有九五％的影片都是在無聲狀態下觀看，隨著ＩＧ和抖音影片的增加，要記住字幕才是重要的。影片中使用字幕會鼓勵人們觀看你的影片，建議可以利用Otter.ai或Rev.com製作字幕。

◆固定你在影片中的出現位置

想辦法將自己固定在影片中的某個位置，你可能在電視新聞上看過某個專家用視訊軟體發言，但是頭被鏡頭切掉，或是在巨大的螢幕裡上下擺動。

攝影機操作可以使用三分法，螢幕以兩條水平線分成三等分，你的頭和部分的身體要在鏡頭中央，占螢幕的三分之二。

8 麥拉賓，《非語言溝通》（*Nonverbal Communication*），紐澤西州皮斯卡特維（Piscataway）：Aldine Transaction，一九七二年。

◆調整你的心態

踏上創業之旅就像坐上情緒和感受的雲霄飛車，當事情不如預期時，我們需要挖掘動力與適應力，繼續前進。

一開始在臉書上直播時，我以為電視台的老同事會嘲笑，意識到自己必須拋開這些想法，專注在理想客戶，以及他們需要從我這裡聽到什麼。幾年過去了，他們之中有些人會寄信給我，詢問要如何做類似的事。所以第一次直播時的確很緊張，但是你知道嗎？沒關係，每次錄影都會更好。

我不喜歡成為注意力中心，但學會享受分享故事和與人交流的樂趣。專注於你能給別人什麼，而不是覺得你必須在鏡頭前「賣弄」。如果擔心親朋好友會嘲笑，或是擔心同事會怎麼看，他們確實或許會這樣，不過你可能會感到驚訝，有些人有點嫉妒你在從事一直想做的事，但是大多數人將欽佩你的勇氣和魄力。

錄製好影片後，給自己一些讚美吧！慶祝自己的能見度有了巨大的提升。小心不要過度分析和過度批評自己，你越真誠，影片就越好。記住，我們都會犯錯，這是真實的一部分。被人嘲笑的煩惱不會消失，但是你可以選擇拋開那些想法，專注於你的夢想和使命！

在我第一次創業時，在臉書社團發表一篇給母親們的文章，有些人寫下惡毒的評論。我生氣一、兩個小時，但意識到他們不值得自己花費精力或眼淚。如同泰勒絲（Taylor Swift）所說的，仇恨者總是會仇恨，讓他們做他們的事，你專注做你自己，讓自己更出色，別讓你的夢想被無關緊要的人踐踏！在自己的軌道上，專注做自己，變得更好，超越自己。

◆拋開自我懷疑，大方分享你的知識

有時候我們會自我懷疑，認為自己知道的不夠多、我們不夠好，或者會質疑：「我是誰，可以開始教授這個主題？」

關鍵在於，「你現在在哪裡」，如果你比初學者快五步，這對剛開始學習新技能的人來說就會非常有用，有時候那些更專注在某個領域的人，不一定是幫助初學者的最佳人選。

你知道歐普拉．溫芙蕾（Oprah Winfrey）總是說起那些「頓悟」時刻嗎？這正是你在課程中要達成的目標，希望學生能有頓悟時刻，咀嚼那些想法，理解你想要傳達的東西。想確保他們理解，代表既要了解你的專業知識，又要用適合他們的方式分享你的知識。問問自己：

- 什麼讓你成為教導課程的最佳人選？
- 寫下你的成就和知識清單，如果寫不出來，可以請朋友或喜愛的人幫忙，有時候很難看見自己的才華，因為那只是我們的知識，我們以為其他人也知道。

- 你對別人的知識有什麼假設？你的理想客戶在該領域的專業水準如何？

◆我的課程錄製過程

我在Word或Google文件寫下內容，這不僅可以作為練習作業的基礎，也可藉此計劃影片和課程內容。我把自己會出鏡的影片列出要點，包括想討論的所有關鍵點，如果是非常技術性的，就會使用提詞機協助錄製，但是這種情況很少，因為和單純在螢幕前分享資訊相比，有點不自然。

使用簡報講解時，我會使用Google文件寫下簡報的內容，再開始製作簡報，做好後找人檢查，才不會有錯字，也要讓內容合理，然後開始錄製。

記住，你可以隨時編輯和添加額外的內容，不過錄製後才增加內容會困難**許多**。錄製是**最後一步**，這樣就能避免出錯。如果不做前期規劃，課程的編輯也會更困難！

錄製訣竅：

- 每堂課不要講太多，準備刪減內容。
- 影片要簡潔，最好是五至十分鐘，如果超過也不用緊張。
- 要記住的關鍵是：保持簡單！

◆善用介紹影片與簡報搭配

想想你的觀眾和他們學習的方式，要考慮視覺、聽覺及動作的學習風格。也許你的課程想提供錄音檔，讓學生在移動時也能聽。記住，聽力受損的人無法聆聽錄音檔，或許會偏好下載簡報，或是在螢幕加上字幕（利用 Rev.com 或 Otter.ai）。

說到錄製影片，我會錄製一段介紹影片，介紹自己和課程，影片很短，如果你不喜歡上鏡頭，這種介紹可能是觀眾**唯一**一次看到你的機會，之後的訓練就可以都用簡報。

或者你可以為每段錄製約一分鐘的介紹影片，然後和簡報內容結合在一起，這樣就可以在一分鐘內自由談論內容，避免漫天胡扯，但人們仍然可以在螢幕前看到你，你也能更專注在簡報裡的影片內容。

使用簡報的理由：

- 可以持續傳遞精彩的內容（阻止你離題）。
- 可以在簡報裡加入大量的資料、事實和數字，觀眾可以很容易查閱。
- 提升你在鏡頭前的自信程度。

你可以用PowerPoint、Google Keynote或Canva製作簡報，Canva是我最喜歡的網路工具，它是神奇的軟體，可以製作簡報、社群媒體圖表、編輯和錄製影片，超級好用。如果你是創業界新手，強烈建議學習Canva，製作簡報和練習作業。

錄製影片與簡報的實用工具

我用DSLR相機錄製介紹影片和影片中的元素，你也可以用智慧型手機的鏡頭，還是用筆記型電腦搭配軟體Camtasia（Windows介面）或Quicktime（Mac介面）。

接著我會用Final Cut Pro編輯，不過如果你是Mac用戶，也可以使用iMovie；如果是Windows用戶，就用Adobe Premiere或Camtasia。

如果你只是要錄製簡報，也可以使用Canva、Camtasia、Screenflow（Mac用戶）或Zoom。如果想簡單一點，可以直接使用Zoom！錄影和編輯內容有很多種方式，技術也在不斷變化，再說一次，最好的方式就是保持簡單。我是Mac用戶，所以使用Screenflow錄製桌面和Canva簡報，然後再將這個影片加入有「我」在鏡頭裡的影片。

影片編輯可能非常耗時，如果你能負擔費用就外包吧！有時候將影片編輯外包會較有效率，讓你能專注於業務的其他部分，包括帶來收入！

◆善用可以調整心態的引導冥想

如果你是幫助人們調整心態的教練，想幫助學生改變信念，引導觀想或冥想是很有用的附加課程。你可以為引導冥想寫一份腳本，用Zoom錄製，或是用iMovie、Screenflow或Camtasia等軟體，甚至可以用iPhone的語音備忘錄。這段影片後製時可以移除語助詞，還有粗重的呼吸聲，再加上一段令人放鬆的音樂。我喜歡使用版權開放的引導冥想音樂，可以上EnlightenedAudio.com或AudioJungle.net搜尋。

◆課程製作檢核清單

製作課程時需考慮的事項：

- 錄製一段介紹影片，由你上鏡頭介紹課程內容。
- 六至八段有內容的培訓影片（可以只有簡報，或是你和簡報）。
- 錄製**前**寫下簡報／腳本和PDF的內容。
- 準備剪輯！少即是多：簡潔，避免離題。

- 用Word或Google文件計劃你想說的話，然後濃縮到簡報裡，分項說明，較詳細內容可以放到附加的PDF作業裡。
- 你要怎麼錄製課程？你想上鏡頭，還是只用簡報？
- 你想加入作業嗎？
- 你想提供簡報嗎？
- 引導冥想能幫助你的觀眾嗎？

第六章

在課程平台上架

◇◆◇

在我第一次想要製作課程時，選擇平台是很痛苦的決定。那時，我正試著盡量兼顧製作課程和育兒，在學走的兒子每週有三天上午會去托兒所，我知道沒有時間學習需要技術的平台，所以需要超級簡單的。

問題是我的生意還在起步階段，幾乎沒賺錢，所以負擔不起「簡單又漂亮」的版本；反而差點就要選擇「實用但醜陋」的平台，不過拖延症讓我停頓幾週，一直沒有做出選擇平台的決定。

選擇課程平台有點像站在喜歡的服飾店前，試著決定用預算買什麼。你喜歡平價品牌還是名牌？有了課程軟體，選擇就多了。事實上，選擇多到讓人有點迷惑，就像時尚一樣，軟體平台也一直更新變化。

本章的計畫是讓你嘗試幾種選擇，介紹應該買什麼。在你初次創業時，財務和現金流很重要，當我開始創業時，什麼都買不起，但是隨著業務成長，選擇也變多了，所以我會給你不同的價位範圍選擇，看看哪一種適合。

在你為影片和課程資料選擇一個家時，要選擇最符合你事業與系統的平台，最重要的是符合你的技術程度。如果你不是技術人員，就需要超級簡單的平台，讓你不需要軟體博士學歷就可以做大部分的事；但是如果你有技術背景，選擇範圍就會更廣。

我有許多合作對象都希望讓課程成為生意的另一項收入，或是創造額外的退休基金，和我一樣，他們不一定有技術能力。好消息是，不管是什麼技術背景或經驗，一切都有可能！

到了二〇二五年，線上課程產業的價值將達到三十二億五千萬美元，新的平台和課程建立模型一直在發展，所以在簡短概述軟體前，我強烈建議你做一些額外的研究，並且親自測試！不要只相信我的話，自己嘗試，看看覺得哪種適合，你是否喜歡那個軟體。許多公司的軟體都能試用，就像買新車可以試駕一樣。還要考慮以下選項：

- 詢問你創業的朋友。
- 在臉書社團蒐集意見（小心貼出最新連結推薦新產品的人）。
- 詢問值得信賴的朋友Google，如果你想尋找最新選擇，它是很好的起點。

提醒一句，有時新平台看來很先進，但系統還是有明顯的問題，因為尚未徹底測試。如果只要花費極小的代價，就能提供終生使用，更要小心，你不會希望自己的事業成為課程平台的小白鼠。

記住你能隨時轉換課程建立平台，所以可從小規模開始，等生意穩定後，從其他收入來源取得資金，再轉移到更複雜與更漂亮的平台。

如果你是自行創業，強烈建議使用現有平台。如果你沒有強大的技術團隊，試圖併用各種外掛程式可能會讓人非常沮喪，你也沒有服務台可以打電話洽詢。

在開始討論課程平台前，思考一下自己和你的事業。

◆檢視生意的收支狀況

你的生意產生多少收入？目前每個月支出是多少？你能負擔得起課程平台的費用嗎？身為小企業主，你希望每個月都可以一次次付出課程平台的費用，因此要選擇自己生意可以負擔的平台。

你的技術能力好嗎？如果你不是技術人員，有沒有能力將技術部分外包？記住，如果外包就無法隨時解決技術難題，可能必須等待幾天，所以自己能做的事越多，你和你的生意就會越好。

在我們探索所有課程託管的選擇時，請查看討論的每個平台，並提出以下問題：

- 哪個平台最適合你的生意？

- 哪個平台最適合你的預算？
- 你的技術能力如何？能負擔得起外包嗎？
- 想想客戶會如何消費你的內容，是使用手機上還是桌上型電腦？
- 你的課程會有錄音檔嗎？
- 或是你會提供簡報檔嗎？
- 也許你需要加上字幕或引導觀想？

請記住，不是每個內容種類都適合你的課程，所以把重點放在最適合你觀眾的領域，協助他們真正**完成**課程！

◆最佳預算平台

Teachable

你可以使用Teachable的免費版。我在製作第一門課程時，就是使用Teachable，而且它是免費的。不過免費版只能收十個學生，所以發行累積口碑，賣給更多學生後，我就付費了。幸運的是，我負擔得起升級版的月租費。

優點：很簡單，你可以快速上傳並製作課程，一開始用免費版，看看自己是否喜歡；如果你的技術能力不佳，在一開始製作課程時想保留課程的控制權和行銷方式，這是不錯的起點。

缺點：很呆板，使用者介面很不吸引人，銷售頁面也非常簡單。我非常渴望在銷售頁面上有更多功能和選項，營造更多品牌吸引力，所以不再使用。

◆ 最佳全能平台[9]

Kajabi

Kajabi是豪車等級的課程託管平台；運作順暢，外觀華麗，可以選擇多種主題，你可以打造個人化網站，想增加圖片，把網站變成品牌，讓它看來更像自己的生意也很容易。

Kajabi是真正全功能的選擇，可以在平台上託管網站、存放電子郵件，並建立你的銷售頁面和行銷。許多小企業主會使用Kajabi，打造多功能的整合系統。我喜歡使用Kajabi，但還是有自己的網站，沒有使用它的所有功能。有人付錢要我將課程從Kajabi轉到另一個課程供應商，我拒絕了，因

9 編注：本章介紹平台以作者所熟悉的國外課程平台為主，台灣亦有百花齊放的諸多課程平台可供選擇，諸如hahow、yotta、SAT. Knowledge、Udemy、TibaMe、城邦自慢塾……等，需自行研究比較。

為很喜歡這個平台。

優點：時尚、吸引人、好用，我喜歡可以輕鬆創造課程和網頁，不需要等待技術人員想辦法，還有快速回應的服務台。

缺點：比一些平台昂貴，這是我一開始猶豫的原因。

商業教練傑瑪．溫特（Gemma Went）在Kajabi剛創辦時就加入，她受到該公司的願景和精神吸引：

我喜歡這個平台的簡單易用，把所有課程和會員都放在上面，有許多客戶都使用這個平台。我可以很容易將培訓課程打包，讓它成為一種『體驗』，而不只是讓某個人在YouTube和Vimeo看重播的培訓影片。在創造產品時，它很快速又直接。

我的會員制度、線上商業加速器也放在Kajabi上，會員可以享有很多資訊和內容，但不會讓人覺得負擔過重。你也可以在上面購買一些客製化範本，課程看起來就會有點不同。

我把所有銷售漏斗和頁面放在Kajabi上，銷售頁面一做好，就很容易為其他課程複製頁面，大約一小時就能完成。

你可以在選擇加入頁面裡追蹤轉換率（conversion rate），這樣就知道自己的受眾做了什麼，還有他們的消費者旅程。

◆最佳功能平台

Kartra

Kartra的價格和Kajabi相似，但Kajabi的主要內容是課程，Kartra則主要是銷售頁面和電子郵件，還有課程功能。

它的銷售頁面非常出色，電子郵件系統提供獨立的郵件系統功能，當你大規模銷售時，這些事很重要。如果要考慮轉換課程平台，我只會考慮Kartra。我喜歡訂購頁面可以使用不同的幣別，每個頁面都可以使用PayPal和Stripe。

優點：電子郵件系統和銷售頁面都很出色，是市面上最好的，無論你的技術程度如何，都能創造容易管理的整合產品。

缺點：功能不如Kajabi來得好，但價格和Kajabi相似，所以價格偏高，在剛開始創業時會讓人覺得棘手。

Kartra個案研究：臉書廣告專家謝麗・傑佛遜（Sheryl Jefferson）

在使用Kartra前，我總是覺得很難使用大量不同的平台建立漏斗，並將它們組合在一起。如果你編輯漏斗的一部分，就必須登入再改變其他部分，這很耗時，也會變得混亂。

有了Kartra，我喜歡這個全功能的系統；裡面有登錄頁面、電子郵件、付款系統和會員系統等，只要登入一個地方，一切就盡在指尖。它完全客製化，這對我來說很重要，我不希望人們看著它，覺得它是那些煩人的漏斗！

這是目前我在業務中用過最穩定的平台，而且所有的報告都在同一個地方，**太棒了！**

◆ MemberVault™的優缺點

你可以在WordPress網站上使用MemberVault™，託管課程、免費內容和會員網站。許多課程建立平台的批評之一是，你無法接觸學生，所以很難保持他們對完成課程的興趣。這個工具的免費版最多可到一百個學生，所以剛開始時負擔得起。

MemberVault™導入遊戲化來鼓勵學生跟上進度，讓你了解觀眾對內容的參與度。該公司還創造銷售系統，讓你能從現有學生獲得更多的收入，因此如果你不喜歡為特定產品舉辦大型發布會，或許會很適合。

優點：MemberVault™的核心是使用遊戲化向現有受眾行銷，表示你可以和學生對話，自然地向他們銷售，有助於找出你的「潛在客戶」，目前其他平台並沒有這項功能。免費版可供一百個學生使用**所有**功能！這表示你在創業時可以使用這個平台，它也會跟著你一起成長。MemberVault™的使用者社群非常支持並喜歡該產品，也會向其他人推廣這項服務。

缺點：當你第一次開始製作課程時，這裡沒有服務台提供立即支援，一切都得自己來（不像其他課程託管平台），所以可能會有點討厭。有些人表示，它的外觀和感覺不如其他平台。

MemberVault™個案研究：網站設計師維琪．埃瑟林頓（Vicky Etherington）

我花費一段時間才選定課程平台，試過Thinkific、Teachable、LearnDash和MemberPress，它們都很棒，但都有些讓人鬱悶的限制，然後偶然發現MemberVault™，這正是我希望的。免費方案讓你可以試用所有功能，訂閱者最多一百人，所以我在下一次免費的臉書挑戰中，用它提供所有內容和重播，馬上就被迷住了。

在挑戰中，我可以看到誰積極消化內容，相應地獎勵他們（透過遊戲化功能），然後直接追蹤那些在我的MemberVault™中查看其他產品的人（能找到溫暖熱情的潛在客戶）。

MemberVault™努力打造平台，不只是傳遞你的課程，也讓整套組合能被人看見，他們稱為值得好好逛逛的市集。我喜歡的一點是，和其他平台相比，它的環境讓人覺得更親密、更私人，而且不斷有提示幫助你改善和用戶的體驗。

讓我意識到要永遠使用MemberVault™的功能是，一鍵連結功能（你可以動態地為每個使用者設計獨特連結，不需要再輸入帳號和密碼），還有能完美整合購物車與電子郵件服務供應商，也有了不起的社群和支持團隊，讓人感覺像是一家人。

這幾乎是一個全功能的課程／會員平台，可以提供課程、免費服務、會員管理和資源，也可以接受支付，雖然不能託管影片，但可以將YouTube、Loom或Vimeo等其他平台的影片嵌到裡面；也不會發送電子郵件，但整合功能真的很巧妙。

我只花一個月就知道自己不會再轉換到其他平台，並購買終身方案。這個平台的支持和發展，還有對使用這個平台的熱愛，不斷讓我感到驚訝。

試試幾個平台，看看感覺如何，詢問信任的朋友Google，和其他企業家聊聊，看他們喜歡什麼，又為什麼喜歡。但是不要花太多時間研究，我知道這讓人非常困惑，你會因此拖延幾小時無法做出決定，限制研究時間，然後做出決定。

現在來看看決定託管課程時，需要考慮的其他面向。

◆決定適合學生的內容釋出方式

你要怎麼和學生分享內容？希望他們能一次獲取所有內容，還是要他們每週一點一滴地收看？每週發布內容的好處是，學生的壓力或許不會那麼大，每週都會來上課，也認為可以從你身上得到更多支持。如果你分批釋出內容，表示你會隨時回答問題、提供支持。這很有效，能增加顧客的認同，他們會覺得物超所值，不過如果課程定價不高，你或許不想這麼做。

一些學生的學習方式不同，喜歡像看Netflix一樣「追」你的影片，如果沒有更新，就會覺得很煩，因為想要立即看到內容！

你必須決定什麼最適合你和學生。

◆你在這門課程上將如何協助學生？

課程製作者最大的挑戰是，讓學生真正完成課程。課程已經成功賣出，為什麼還要管他們有沒有看呢？

首先，你希望學生在課程裡能真正感受到好處，體驗到轉變！你也希望那些人能給予你熱情洋溢的評價；擁有這樣的社會證明很有效果，可以說服潛在購買者按下購買鍵。

最後，你希望學生能成功，如此他們更有可能購買其他課程和服務，想想你要如何利用策略支持學生，幫助他們採取行動**完成**這門課，他們才更有可能購買！

加入輔導和直播互動等直播元素能強化體驗，但如果是低價課程可能就不想這麼做了。所以，考慮一下你的課程價位是多少？是否值得你投入時間進行團體討論或一對一討論？

為學生成立臉書社團

你可以考慮把臉書社團當成建立社群的方式，讓學生能有進一步的連結，並透過即時問答、臉書直播及額外參與，得到你的支持。這是絕佳的場所，可以進一步和學生建立關係，並向他們推銷。

它確實需要管理，你需要持續創造內容，但你可以設定社團開啟的時間限制。臉書社團也是銷售其他產品和服務的絕佳方式，後面章節會再詳細說明。

為學生提供一對一課程輔導

作為課程的一部分，提供一對一輔導是給學生的絕佳禮物。一對一的支援幫助學生建立心態、策略，幫助他們面對可能的特殊挑戰，確保**完成**課程！研究表明，學習的最佳方式包括一對一支援和團體環境，你能因此得到額外的同儕支持，身在團體中會增加責任感，也會更有趣。

一對一的服務很耗時，所以只有結果值得你付出時間時才這麼做（例如低價課程或許就不適合提供）。你要確保課程的價值包含自己的時間，你一小時價值多少錢？要考慮大局！你想要下輩子都按日計酬，尤其是在業務成長的時候嗎？

團體輔導會議

團體輔導會議可以妥善配合你的課程，你可以用Zoom或臉書進行直播會議，直播會議可以讓人們發問，在沒有一對一會議時，也能提供更個人化的回覆。

提供團體輔導很花時間，但結果可能不錯，也是支持學生的絕佳方式。直播會議只適合「高價」課程，你需要將這部分計入課程價格裡。確保在發布週期裡，討論並宣傳實作直播會議。

課程評論

你可以讓學生在課程平台上對每個模組進行評論，並在上課時和他們互動。

電子郵件

支持並激勵學生的最基本方法是電子郵件，有些電子郵件是特別為每個課程模組而寫，但是你也可以設定觸發機制，確保他們會收到鼓勵或提醒上課的電子郵件。

培養學生的責任感

你可以建立責任夥伴或同伴支援團體，幫助彼此完成課程。我曾在臉書社團挑戰這麼做，結果很好，人們建立驚人的友誼和聯繫，然而如果有學生的參與度較差，就會需要一些管理。

你想讓學生能透過語音工具方便聯繫自己嗎？

WhatsApp

這是臉書旗下的公司，讓你可以透過語音留言和訊息，與全球學生進行一對一溝通，也可以建立群組通話。在未來幾年，臉書會大力推動這項服務。

Voxer

Voxer是神奇的工具，可以向多達五百人發送語音留言，並發送支持性的鼓勵訊息，開信率會比電子郵件來得高。

Slack

Slack是適合團隊或團體使用的溝通平台，讓你可以快速找到訊息（不像臉書因為演算法而顯得混亂），也可以分享資源、發布公告或資料連結。

哪種和學生交流的方式最適合你？

- 一對一輔導
- 團體輔導
- 活動和策劃
- 課程評論
- 電子郵件
- WhatsApp
- Voxer
- Slack

最後，要用一份檢核表來總結本章，看看你是否準備好所有課程必要元素。

◆課程檢核表

以下是課程要納入的元素，別擔心，不必包括一切！如果這是你的第一門課，可以選擇其中一些，以免壓力太大。

- 工作表、清單和素材資料庫的PDF練習作業。
- 培訓影片的簡報。
- 培訓影片的腳本。
- 課程的歡迎影片。
- 慶賀完成課程的影片。
- 課程導覽。
- 課程總結影片。
- 每個模組的介紹影片。
- 影片的聲音檔。
- 課程縮圖。
- 每段課程影片的縮圖。

- 模組縮圖。
- 臉書社團（或播客／YouTube頻道）的側邊欄圖片。
- 標誌設計。
- PDF設計（可以使用Canva）。
- 簡報範本設計。
- 臉書封面設計（如果你想成立臉書社團）。

重要提示：你不必納入上述每種內容，但是它能幫助你建立一個地方來管理需要的所有內容，以免太過混亂（這是經驗談！）。

第七章 如何建立你的受眾

◇◆◇

一開始進入網路世界時，不確定有沒有人想聽我說些什麼，有一百人追蹤訂閱我的ＩＧ或YouTube似乎是很重要的時刻。

擁有追蹤者和訂閱者不代表利潤，但建立受眾有助於在你的領域裡建立權威、信譽及客戶。不過請記住網路世界冷酷無情的事實：九八％的人不會購買你的產品。真的！

這個令人震驚的統計數字，正是你想販售線上產品，就必須培養受眾的理由。社群媒體瀏覽者越了解你，越有可能向他們銷售課程和線上產品。

當然，一些企業的消費者超過二％，總會有例外和某些產品被壓抑的需求，但平均來說，會購買你產品的受眾大約就是二％。

不過網路銷售不只是坐在座位上，盯著銷售頁面，希望有人「點擊」購買，還有一些更基本的東西經常被忽略，你必須擁有正確的受眾。

目標受眾裡是否有狂熱粉絲至關重要，我的合作對象裡有受眾稀少，卻賣出上千堂的；也有受眾超多，卻沒有賣出幾堂的。除非你對著目標客戶說話，否則你的訊息就無法傳達。

這就是研究受眾是誰，和理想客戶對話如此重要的原因。你的訊息越精準，越容易和理想客戶建立關係，他們就越有可能購買你的產品。

那麼，在網路世界到底要如何培養受眾？早在二〇〇七年，當時社群媒體還是新鮮事，在Healthy Bliss工作的友人珍妮佛於推特（Twitter）上就已經擁有數十萬名粉絲，還記得我坐在她在泰國的海濱別墅裡，敬畏地看著她搭著社群媒體的浪潮，即使睡覺都還能有收入。

我辭去曼谷的記者工作，想和珍妮佛一樣，多生活，少工作，所以到印度想弄清一切，但在電視新聞的老闆卻要求我派駐中國進行報導。

當我試圖在印度尋找自我時，無意中走進一間修行屋，希望能遇到《享受吧！一個人的旅行》（*Eat Pray Love*）時刻，然後遇到名叫阿瑪的信仰治療師。她冥想一陣子，然後給我一張紙條，上面寫著：「去北京。」我告訴老闆，他說：「妳看，上帝也希望妳去北京。」

所以我去了，當時中國向全世界敞開大門，正在舉行奧運，那是一個令人瞠目結舌又敬畏的國家，但是我可以用來窺探世界的社群媒體變少了，錯過搭乘那波浪潮的獨特機會。

時間快轉到幾年後，我還在中國工作，用黑莓機（BlackBerry）發送訊息給紐約和倫敦的老闆。我的同事——才華洋溢的攝影師大衛・古騰費爾德（David Guttenfelder）買了iPhone，當他在北韓的鐵幕後，拿著手機拍照，並分享到ＩＧ上，追蹤者喜愛他在這個專制國家拍攝的特寫和個人照片，這些照片也在以視覺為主導的社群媒體上大紅大紫。時間再快轉幾年，古騰費爾德的ＩＧ追蹤者已經超過一百萬人。

珍妮佛和古騰費爾德都是「早期採用者」，在平台流行前就接受，較早進入社群媒體平台，有助於快速培養受眾。你現在要如何建立受眾？不管演算法和馬克・祖克柏（Mark Zuckerberg）做了什麼？

在本章中將聽到企業家非凡的成長故事，例如艾洛伊斯・海德（Eloise Head）和她在抖音上的品牌Fitwaffle，或是Clubhouse的瑪雅・里亞茲（Mayah Riaz），她們將分享培養受眾與社群媒體影響力的方式，因為兩人都是早期就投入其中。

我也會分享一些對銷售課程有效的策略，還有成功企業家的個案研究，幫助你建立受眾、銷售課程。我們將著眼於所有社群媒體策略和受眾建立策略，包括播客、YouTube等社群媒體。你或許覺得它們都很有趣，但有些人卻覺得很恐怖，重點在於，記住社群媒體不必做所有事情，事實上正好相反。

一開始，從**一個**或兩個平台開始。這有點違反直覺，和你最初想做的事相反，但我保證少即是多。專注在你的內容，深入又專注於一個領域能幫助你成功，不要試圖包山包海。

◆從最小的分享開始建立受眾

我知道在社群媒體上出鏡會讓你害怕受到攻擊，誰知道人們會說什麼或想什麼？或許會有人寫下討厭的評論，還是如果二十年前的老同學看到你的臉書直播，或是十五年前的同事看到在LinkedIn上關於你生意的貼文。這是信念的改變，會讓人不舒服，而且剛開始，到北韓度假的想法可能更有吸引力。

我在一開始創業時，很害怕做銷售。我記得自己坐在那裡，盯著「發表」鍵一整天，最終才鼓起勇氣分享。或許你已經錄製一段影片，後來又認為不夠好，因此所有的努力和可能都留在書桌上，一無是處。恐懼、完美主義、焦慮壓倒一切，讓這些珍貴的靈感和教育都消失在網路的下水道中。

不一定要這樣，你不必躲起來，可以用適合自己的方式建立受眾，只要踏出這一步，願意承認如果不採取行動，你的夢想就無法前進，你想邊睡覺邊賺錢的欲望，會成為口中「擁有也不錯」的那些東西，就像你想中樂透或想開法拉利（Ferrari）跑車。因此如果你想在睡覺時獲得經常性收入，這就是你的警鐘，是時候離開舒適區，該是你發光的時刻了！

沒錯，一開始會覺得尷尬和討厭，但是你出鏡越多次，這件事就會越容易。很快你就能分享自己的故事，聯繫並建立你的影響力。你還在等什麼？我們開始吧！

你不必分享生活中的私密細節，透露內心深處的黑暗祕密，但人們想了解你，你需要持續分享引人入勝的內容，即使你寧可看Netflix。你可以從這些事情開始分享：

- 分享能激勵你的商業英雄。
- 分享曾激勵或感動你的書籍。
- 分享生意的幕後酸甜苦辣。
- 敘述改變人生的經驗。
- 告訴我們你對成功的看法。
- 分享課程中的痛點，以及解決的方式。
- 分享你的課程如何節省人們的時間和金錢。

◆擬定受眾建立計畫

在開始建立受眾之前，我希望你們對受眾擬定一套計畫，因為如果你不知道要怎麼對待他們，每天發文吸引觀眾就沒有意義。在為課程建立行銷計畫前，要考慮以下四點：

- 你的生意和社群媒體是什麼狀況？

- 定義你的目標市場。
- 寫下你的SMART目標。
- 你的預算有多少？

在你能開始建立受眾前，需要檢視現在的處境與生意的狀況。社群媒體統計數據表現如何？分析目前的社群媒體策略中，哪些是有效的？你的時間和金錢投資在哪裡能獲得最佳報酬？如果你的生意已經站穩腳跟，就專注在參與度最高、受眾最忠誠的領域。

使用SWOT分析——優勢（Strength）、劣勢（Weakness）、機會（Opportunity）和威脅（Threat），有助於對哪些有效或無效有整體的概念，也有助於在社群媒體上查看數據，知道該將精力放在哪裡。

我該向亞伯特・漢弗萊（Albert Humphrey）致敬，他在一九六〇年代和一九七〇年代早期於史丹佛研究所（Stanford Research Institute, SRI）工作時，提出這套框架。

看看你使用的每個社群媒體平台，找出哪些適合與不適合。

- 成長的潛力是什麼？威脅是什麼？（演算法、時間、其他企業。）
- 誰是你的競爭對手？他們在哪些方面做得比你好？

- 你能從競爭中學到什麼？
- 你是否需要了解如何使用平台的新功能？記住，科技巨頭希望你採用最新的工具，這會為你帶來更多的瀏覽數和追蹤者。
- 我也利用這段時間看看這一行的人都在做什麼？目前的市場如何？什麼適合他們？什麼不適合？
- 你的課程能填補市場空白嗎？
- 是什麼讓你與眾不同？

寫下這些問題的答案，能幫助你重新評估和確認計畫的目標市場是正確的，或者是否需要微調。

◆你的目標市場是誰？

如你所知，第二章花費很多時間分析你的目標市場；然而，重點在於持續評估和確認你的受眾是誰，你對話的對象依然正確嗎？或是你為受眾設置限制與障礙？

你依然可以向小群受眾行銷，同時吸引其他人成為觀眾。我一開始創業時，就找了媽媽們討論，隨著業務的發展，我仍然這麼做，現在討論的對象包含男女，受眾裡有三分之二是女性，三分之一是男性，我的大部分受眾超過四十歲，正在計劃退休。

隨著你對自己和自己的訊息更有信心，目標受眾也會隨之發展。

◆寫下你的SMART目標

明確設定的目標能幫助你達成特定的目標。有時候我會抗拒SMART目標，因為它們讓我想起《辦公室》（*The Office*）裡的角色大衛．布倫特（David Brent）和「管理言論」，不過在推銷課程時，SMART目標很好用。

SMART目標對應五個英文單字，明確的（Specific）、可衡量（Measurable）、可達成（Achievable）、相關的（Relevant）及有時限的（Time-based）。SMART一開始由喬治．杜朗（George Doran）、亞瑟．米勒（Arthur Miller）和詹姆士．坎寧安（James Cunningham）提出，他們在一九八一年的文章中寫道：「撰寫管理目標有一套聰明的（SMART）方法。」

現在許多經理人已經對這個詞彙琅琅上口。在生意上，有許多不同的方式能使用SMART目標，但我都用來幫助建立受眾，讓自己步上正軌。

明確的

- 我想實現什麼？（例如增加YouTube的觀眾數。）
- 需要做什麼？（例如持續每週上傳兩段影片。）
- 我的目標為什麼重要？（如果培養出受眾，就可以賣出更多課程，讓你睡覺時也能賺錢。）
- 我的目標會在哪裡實現？你要專注在哪個社群媒體平台？

可衡量

- 你打算用什麼標準，來確定自己已經達成目標？（例如社群媒體追蹤數、瀏覽數或電子郵件訂閱數？）
- 你將用什麼時段來衡量哪些指標？
- 你是否需要增加特定的里程碑來衡量進度？

可達成

這一點是為了讓自己興奮，充滿動力，看到大局。當你受到鼓舞，相信這是真的，就更有可能實現目標，因為你已建立受眾。

你的目標可以實現嗎？你要鎖定什麼社群媒體平台，希望成長到什麼程度？如果沒有達成，還有什麼可能？限度是什麼，能如何冒險一搏？開始看到大膽的作為是可能的，用你的頭腦想像，經常思考，越是想像你的目標，每天想著，它們就越有可能實現。

想像在社群媒體上創造巨大的影響力，想像你的課程熱銷，會是什麼感覺？想像你醒來檢查手機，收到PayPal和Stripe的入帳通知，人們在你睡覺時買了你的線上產品。想像你邊睡覺邊賺錢，這絕對是可能的，你要相信它會發生。想像並感受那些目標，想像自己在旅遊或陪伴家人時依然在賺錢，會對你的家庭和生活帶來什麼影響？

有句話說，生意能否成功，八〇％取決於心態，二〇％取決於業務。無論是億萬富翁的維珍（Virgin）創辦人布蘭森或Spanx創辦人布蕾克莉，都在練習想像自己的目標，相信目標會實現。所以做你需要做的事，對自己的想法和生意保持興奮，努力調整心態，可以讀書或聽聽有聲讀物。在陷入困境時，我會在Audible上聽伊絲特・希克斯（Esther Hicks）與傑瑞・希克斯（Jerry Hicks）的有聲書《這才是吸引力法則》（*The Law of Attraction*）、閱讀喬・迪斯本札（Joe Dispenza）的著作《未來預演》（*Breaking the Habit of Being Yourself*），或是用YouTube聽引導觀想（我最喜歡的是Pura Rasa的YouTube頻道）。

如果你對這個想法沒有熱情，就不會成功，就是這麼簡單。將你的精力放在關心的計畫上，不管可能性大小，都有一線生機。

相關的

這個目標和你事業的整體目標有多相關？你知道自己想讓銷售方式自動化，就可以一遍又一遍地賣出產品。你閱讀本書，是因為想要邊睡覺邊賺錢。

課程行銷是否符合企業的整體目標？這個目標需要和公司目標保持一致，客觀審視你的行銷計畫，看看行銷策略是否適用公司的整體目標。舉例來說，如果你決定使用Pinterest，因為希望被看見，就需要看看這個平台，確定它是否符合目標。你是否試圖用Google或部落格銷售課程？你想賣給三十五歲以上的女性嗎？如果是，它可能適合你，但若是你的主要受眾是男性，Pinterest就不是首選。

目標看來有價值嗎？你是執行這個計畫的合適人選嗎？或許你知道這是最好的社群媒體行銷策略，但是需要外包他人實際執行計畫嗎？你了解臉書廣告或YouTube演算法的機制，好利用這些平台重複銷售嗎？

有時限的

任何人都能設定目標，但是為了讓你的計畫能成功，需要有切實可行的時間表，確認你能達成目標，例如在三至六個月內讓YouTube的觀眾加倍，應該是切實可行的時間表。

詢問自己一個關於目標期限的具體問題，如果沒有達成，在這段時間內可以完成什麼事，或考慮時間期限是否合理？了解行銷計畫有助於讓你專注並步上正軌，而不是在各種社群媒體平台上漫無目標地發言。

在第十章將研究不同的課程銷售策略，要記住的關鍵是，你不必在每個社群媒體平台上走馬看花，只要選擇一、兩個社群媒體，將時間和精力專注其上，選擇能讓你突出，你也喜歡的平台。

還要考慮演算法，潮流和社群媒體平台來來去去，記得Myspace嗎？那似乎是上輩子的事了！看看現在「新」平台是什麼，決定它是否適合你。新平台的早期用戶更有可能快速建立受眾，也更容易獲得關注，那些早期就加入抖音或Clubhouse的人也更可能成功。

然而如果你**不是**早期採用者，也不代表你不能在社群媒體平台上取得成功。如果你持續不斷地出現，以有趣和吸引人的方式與他人互動，他們就會想更了解你和你做的事。

◆你的受眾培養預算是多少？

我第一次創業時，一週工作三個上午，試圖兼顧一切。我發現社群媒體讓人筋疲力盡，所以知道自己必須聰明工作。

我建立受眾的方式，是設法讓部落格文章和YouTube影片能出現在Google搜尋上。但是進展不大，為了在網路世界中成長，我必須建立更大的受眾群體。在取得第一個客戶時，很幸運再次購買臉書廣告宣傳我的事業，受眾因此增加，因為廣告讓我的免費內容放在想要購買產品和服務的人面前。

坦白說，透過臉書廣告建立受眾，是我在這個領域最重要的成功，使用這個方法改變我生意的軌道，如果不是駕馭臉書廣告的力量，我不會寫作本書、不會成為《心理學雜誌》的專欄作家，也不會建立百萬美元的生意。它也是冒險又可怕的嘗試，因為你不知道能否成功，或是該如何確保成功。一路走來，我付出的錢很可能相當於幾位臉書高階主管的薪資。

如果你的課程有行銷預算，就能有一些選擇，讓你考慮如何重複銷售課程。在一開始宣傳時，付費確保數位產品或課程能被看見是可怕的想法，因為你不知道能否奏效，而且身為小型企業主，或許夥伴、家人會質疑你在做什麼。

在你開始投入大量資金於臉書、YouTube或Google廣告前，先學習系統的運作方式，也要知道自己在做什麼，不然就等於是把錢送到祖克柏的口袋裡。有許多很棒的課程和會員可以教導你臉書廣告的基礎，如果你覺得很複雜，可以考慮是否僱用某人執行，或是付費進行宣傳。但是（這個但是很重要）使用廣告只是建立受眾、銷售課程的其中一種方式，在本章也會討論以自然的方式培養受眾。

◆建立受眾的策略

現在你已經擬定好計畫、目標，也釐清預算，要開始研究建立受眾的策略。記得這個統計數據：九八％的人不會購買你的產品。沒錯，你那麼用心培養、溝通、交朋友、花時間在他們貼文上留言的那些人，是的，就是那些人，他們很可能不會購買你的產品。不管你多麼努力，他們或許會在你的貼文留言，但是不會留下信用卡卡號，將辛苦賺來的錢分給你。不過在你培養受眾時，潛在買家的數量也會增加。

我們一開始追蹤者都不多，按讚的人也很少，隨著分享越多、談論越多，慢慢就能建立受眾。如果你在建立受眾的初始階段，也會發生這種情況。這也是想要建立線上業務、銷售課程，就必須接觸新受眾的原因，但這不是唯一的解答。

我曾發表一張兒子和他的玩具曳引機照片，有則留言表示他製作一門課程，教導人們做曳引機模型，現在世上只有一小群人想做曳引機模型，但他們組成一個熱衷、熱情又互動熱烈的社群。

在網路世界裡，行銷者有一句話：「財富藏在利基裡。」事實真的如此。你不需要賣給每個人，只要找到你的利基，建立你的受眾，然後販售。聽起來很簡單，對吧？

以你教導的東西，走上特殊的道路，是一件很美好的事，它表示你不需要大群觀眾，就可以做出能夠獲利的課程。我可以老實告訴你，有五千名願意購買的熱心觀眾，比喜歡你的內容，但不想購買你產品的一萬名觀眾更有利可圖。

我一開始建立受眾，是在臉書上組織一個有三百位媽媽的社團。當時我用Canva製作貼文和圖片，分享貼文時也從未奢望有人會購買我的產品。將受眾培養成買家需要時間，在許多錯誤的開始和瞎忙後，我終於知道該怎麼經營社群媒體。我會為YouTube錄製影片、為Pinterest創作含影片的貼文，這個方法讓我能為影片和貼文吸引上千名瀏覽者，卻不用花費數個小時四處留言評論。

但是我的故事並不特別，上千名辛勤的小型企業主都在忙碌地四處吸引受眾，努力賺錢。那麼，要怎麼從沒沒無聞到大紅大紫？要如何從匆匆一瞥、佇足停留，到脫穎而出、轟動網路？要如何創造人們更想要的內容？而且真的想要為此付錢給你？

在本章的其餘部分，我將分享社群媒體上的勇敢故事，從抖音六千萬瀏覽量到上百萬的生意，這些故事會帶來很大的啟發，但也可能讓你在開始前就決定坐回沙發，放棄被動收入。

我希望你記住，我們都有起點。建立受眾需要時間、堅持和毅力，從可行和不可行中學習，持續不懈。如果說我在培養受眾和這些成功企業主的交談中學到什麼，就是堅持不懈是關鍵，不斷創造、持續前進，不要讓自己太分散。

在一個社群媒體平台上深耕，不要太廣泛。我知道做到在本章中所說的**每件事**，是很誘人的想法，相信我，在撰寫本書時剛和丈夫談過：「我應該多投入抖音，或是應該學著喜歡Clubhouse。」但事實上你不可能什麼都做，如果試著做所有事，只會讓自己失敗。

◆專注於一個平台！

專注在一或兩個社群媒體平台，全心投入你的時間、精力和熱情。

- 哪個社群媒體平台最吸引你？
- 你的理想客戶會在哪裡？
- 現在在哪裡培養你的受眾最好？

閱讀這些極其鼓舞人心的故事，決定哪個平台最適合你和你的生意。

臉書

不管喜不喜歡，地球上每個月都有二十億人使用臉書，雖然來自北美和歐洲的用戶人數正在下降，演算法也或許不那麼友善（所以你的貼文不一定能被看見），但它仍是極受歡迎的地方。

臉書社團是與理想客戶和顧客產生連結的絕佳方式，你能了解他們，最終向他們銷售。你可以培養關係，在臉書直播上和他們聊天，和他們拉起其他平台上不可能以同樣方式建立的關係。臉書社團要成功，需要建立的是提問而非傳播訊息的社群。開放式問題很好用，而且盡量不要只談論你的課程內容。

我有一個由五千位創業家組成的社群，他們想在鏡頭前獲得自信。我會準備一個月的系列貼文，然後安排時間，這樣管理社團會更容易。我也會小心提出很多吸引人的問題：「我該養哪種狗？」這是評論最多的話題（即便我的丈夫對狗過敏，或許永遠不會養狗！）。

露絲・庫茲（Ruth Kudzi）在建立友誼和社群網絡方面很出色，她利用現實生活的技能，創造安全、有助益的臉書社團，讓她能建立極為成功的輔導業務。

奧提姆斯輔導學院（Optimus Coach Academy）創辦人庫茲：

臉書社團對我業務中的發展、培養和轉化客戶至關重要。

二〇一六年，當我開始網路創業時，開設第一個臉書社團：轉職媽媽。第一個月結束時，成員接近五百人，藉由展示和賦予價值，專注於信心與心態，我成功轉換第一批客戶。

一開始培養受眾時，我到其他臉書社團貼文進行免費訓練，我的理想客戶可能會上那些社團（當時主要是媽媽社團），我也以自信心為主題吸引潛在客戶，讓人們加入這個社團。隨著我們成長，我鼓勵現有成員分享，並在不同的活動中發言，持續傳遞價值、提供訓練，建立聲譽。

這個社團在三年內發展到近五千位成員〔隨著我的事業進展，社團也改了兩次名字，最後稱為「造反團體」（Rebel Collective）〕，並幫助我創造數十萬英鎊的收入。隨著我們的成長，開始使用臉書廣告擴大社團，用感謝頁面當作成員登陸頁面，吸引潛在客戶：這有助於擴大我們的名單和社團。

二〇一九年底，我關閉這個社團，因為它不再符合理想客戶。在過去十八個月，我發展一個超過五千人的新社團，稱為「輔導社群」（Coaching Community），該社團幫助我創造超過一百萬英鎊的收入。我使用相同的策略，也就是釐清理想客戶，在社團傳遞價值和訓練，也利用臉書廣告幫助社團規模成長。

我也有很多短期的臉書社團，經常是為了發布產品而設立，有助於建立和培養關係。對我來說，關鍵在於真正清楚這個社團是為誰而成立，人們加入這個社團可以得到什麼。起初，我曾為社團成員提供專屬培訓，雖然隨著時間而減少這種服務，但分享更多個人貼文，也藉此接觸潛在客戶：我發現這是一個好地方，人們能看看他們是否喜歡你的氛圍，在購買前和你建立、培養關係。

IG

每個月有超過十億用戶經常瀏覽ＩＧ的影片和圖片，這是一個消磨時間的好方法（尤其是我應該寫書時），也是和新客戶建立連結，並銷售課程的絕佳方式。

如果你剛開始使用ＩＧ，會想要及早嘗試祖克柏和其團隊創造的任何東西。所以無論是ＩＧＴＶ（長影片）、短影片或限時動態，最好學習、使用並擁抱它。

使用短影片幫助我獲得數百位新粉絲，這也是發揮創意的有趣方式。

山姆・貝爾福特（Sam Bearfoot）是我在IG上遇到最有趣的人，她的內容總是逗我大笑，她只是做自己就能培養觀眾。

當格里菲斯要求我分享如何在ＩＧ上擴展生意的故事時，我必須想想要從哪裡開始。當然，我可以告訴你主題標籤的威力、網紅的影響力，或是如何透過網站評分提高點擊率，但是這些吸引人的副作用都出自好的內容！

二〇一六年，我在生下兒子後，離開十年的健康業務，當時因為初為人母，不得不重新思考職涯，事實上我已經累垮了。你看，我要做所有的事：下載播客五十萬次；英國健康電台（UK Health Radio）主持人，每個月有二十五萬名聽眾；推特上有四萬名追蹤者（因為當時很多人使用推特），而且在一些非常知名的報紙上也有固定專欄。

但這些花俏的外表（我喜歡這麼稱呼）都是天大的謊言，我創造一個認為大眾想要的自己，在保持十年後受夠了，所以決定轉變，而這是我**真正**希望你們理解的，因為這將讓你脫離二〇二一年前的粉絲群，走向未來。我向自己承諾一件事，如果要放棄努力十年的事業，做完全不同的事，就要以自己的方式去做！一〇〇%純正的自己。

我可以告訴你，一開始很可怕，但這是我做過最有力量的事，它轉化成我現在做的一切。做無拘無束的自己，讓我變得獨特，而且令我意外（至少在一開始）的是，它也是觀眾喜歡我的原因。

在ＩＧ這樣的社群媒體平台上，如果你預先設定好要融入其中，就很難脫穎而出。「他們」（我喜歡稱為網路光明會（Internet Illuminati））會告訴你，你需要提供漂亮的訊息、需要寫出像《搶錢家族》（*The Joneses*）那樣的內容、需要融入巴結網紅才能成功。

我想告訴你，在ＩＧ上獲得成功的祕訣，讓偉大的內容脫穎而出，唯一的方法就是做**自己**，這是你的超能力，沒有人能複製，極具吸引力！

用你想要的方式，創造你想要的任何東西，而不是「應該」怎麼做。

還有最後一件事，當你這麼做時，如果內心感到痛苦、害怕，就全寫出來。相信我，你以為恐懼的感覺，實際上是讓你的社群媒體變得真實的魔法。

LinkedIn

別管過去LinkedIn是用來上傳履歷，是人資部門的工具，現在的重點在於內容，這個網站希望你分享、參與並創造對話。其演算法運作的方式，代表你的貼文和評論會比在其他平台上更容易被注意。透過自然行銷的力量，我的產品和服務都有穩定的客流量。

LinkedIn的美妙之處在於能讓所有人使用，不再只屬於古板的企業。但要記得，它或許像是早期的臉書，鼓勵你參與，你需要每日提問、發文，並堅持不懈。

讓我見識LinkedIn美妙的人，要感謝傳奇的特納，她的故事讓你知道，現在仍然可以在LinkedIn上獲得驚人的成功。

LinkedIn成長教練特納：LinkedIn如何幫助我在疫情維持生計並建立公司。疫情前，特納經營一家音檔轉錄公司，封城後沒有生意，於是開始教導人們如何使用LinkedIn。

第一次登入LinkedIn時，我猶豫不決、毫無頭緒，希望擴張我的小公司，但沒有行銷預算，我有四百個聯絡人，卻不知道該說什麼。我的第一則貼文沒有人看，就連一株風滾草都會受人歡迎！或許因為我太努力讓自己聽起來聰明、成功、專業，這一切都不是真正的「我」！

很快地，我知道做真實、怪異的自己，是在LinkedIn脫穎而出的最好機會，所以便欣然接受。我的粉絲倍數成長，前兩個月就達到一萬個，而且沒有使用任何成長的技巧或群組。人們對我的故事產生共鳴，一個帶著小男孩的單身母親發展微小的轉錄生意，同時有趣地分享她和家人邁向美好人生的高低起伏。隨之而來的是六十位客戶，我必須僱用團隊分擔所有工作！新冠疫情發生時，一切都改變，我的生意也垮了，還能做什麼賺錢？

六個月後，我在LinkedIn上有三萬個粉絲，我開始每小時收費九十九英鎊，幫助其他小型企業提高知名度，吸引理想客戶。我的時間被訂滿，不得不提高價格，這讓我大吃一驚！隨著我持續貼文、回應、評論其他人的內容，在網路上做任何事都保持幽默和真誠，粉絲也持續不斷增加。

在LinkedIn開始培訓課程的前十二個月，我已經主持超過兩百五十場一對一的培訓課程，還有數十次的商業培訓課程、現場研討會、門票售罄的網路研討會，建立並賣出數百篇內容資源。在格里菲斯的專業協助下，我甚至剛發布線上課程，現在粉絲已經超過八萬五千人，我做的每件事都得到他們的支持和鼓勵。

但最能改變人生的是，就是在五年內因為租屋而搬家六次後，我終於能買屋，為自己和兒子的未來提供安全保障。

LinkedIn是很強大的平台，如果你登入只是為了吹噓生意或販售，就會錯過很多。

這是充滿巨大機會的社群，人們希望互相支持，看到彼此成功，也準備好幫助周圍的人。它的目標對象不是公司，也不是消費者，而是人與人的互動，那些在平台上表現出人性的人，就能獲得最大的回報。

Clubhouse

Clubhouse是社群媒體的新成員，和其他平台不同，完全以語音為基礎。純語音平台的美妙之處在於，參與時不必化妝，甚至不用下床，或許這是全球疫情期間主要的吸引力。

我必須承認曾經嘗試這個平台，在一個聊天室裡演講，卻很快發現並不適合我這種內向的人，我嚇壞了。不過以語音為基礎的想法還是很吸引人，這個平台具有巨大潛力，是建立受眾、權威和專業最快的方法之一。

在疫情之前，里亞茲是名流經紀人，也就是明星的公關，但是英國因為新冠疫情封城，她調整業務，開始輔導企業家利用宣傳的力量。Clubhouse是她和數百位企業家聯繫，並建立受眾的完美平台。

公關教練里亞茲分享，Clubhouse如何幫助建立受眾。

在十二月底，我已經聽說很多關於Clubhouse的事。我的工作是名流經紀人和公關，所以不曾使用社群媒體獲得客戶，但我還是註冊帳號。不過最近我調整業務，教導企業家如何做公關，在這方面，社群媒體真的很有幫助，但是即使如此，我也沒有大量使用。

因此當這個新的社群媒體出現時，我在一開始完全不以為意。不過在一月初，我出於好奇而屈服了，決定看看它到底在紅什麼。好友給了邀請碼，我馬上就加入，並且花費一週弄清楚操作方式，還有它到底可以做什麼。在那之後，我很快就上癮，這讓我大吃一驚，我從早上六點半打開應用程式，進入早餐聊天室，然後轉戰美國的各個聊天室，直到凌晨三點為止！我喜歡它，因為它使用語音，你可以直接進入，不需要打理髮型或化妝才能與他人互動，也不用太過思考要用什麼效果（不用添加濾鏡、不用編輯）。你說話，然後聽到其他人的聲音，感覺非常真實。我和一些很厲害的人產生連結，再透過WhatsApp和Zoom進一步加強這些關係。

我在二〇二一年一月開始使用Clubhouse，當時沒有什麼計畫，我沒有網站，也不像其他人創造內容誘餌。許多Clubhouse的朋友都在推特或ＩＧ上跟我聯繫，我很快發現自己的ＩＧ被訊息淹沒了，多了數百則私訊和粉絲（即使我的ＩＧ設為不公開）。私訊主要圍繞我的公關工作與合作的方式，我必須僱用網路助理處理訊息，因為訊息如雪片般飛來，我又不想忽略任何人。

當時我沒有接受一對一的客戶，如果有人詢問能否合作，就會介紹給我的公關會員。意識到自己更想推廣這部分，也更積極主動，所以開始主持我的公關聊天室，一週三次，每次開聊天室後，我的ＩＧ會收到很多想加入會員的私訊，我決定簡化過程，在自我介紹處放上連結，只要想加入就可以直接點選。這是很好的舉動，在我睡醒後，會看到世界各地的人加入我的公關會員——我真的在睡覺時也能賺錢。人們在很多聊天室都會聽說我的事，他們知道我是做什麼的，聽到我分享的訣竅後想知道更多。在自我介紹加入連結後，他們可以知道更多，也更容易和我合作。

我的客戶來自世界各地，許多人都是透過Clubhouse認識，我發現它是最好、最具轉換性的社群媒體應用程式，因為他們在Clubhouse可以聽到你的內容，然後到ＩＧ上追蹤你，透過私訊進行更深入的接觸——當時Clubhouse沒有直接傳訊功能。

經營Clubhouse的技巧

如果你還沒試過Clubhouse，不要把它當成社群媒體應用程式，去探索、使用它，你越使用，就越知道它可以如何提供幫助。

進入Clubhouse後，填寫你的自我介紹，讓你看來像是真正的人，而不是機器人，而且當聊天室裡的其他人要檢視你的資料時也很有用，他們就會知道你是什麼樣的人。

登入Clubhouse後，進入其他聊天室，舉手發言加入對話，如果你想被注意，坐在觀眾席裡毫無幫助，你得參與對話。個人資料裡至少要有另一個社群媒體平台的連結，如此人們才能聯絡你。記住，發言時不要推銷，沒有人喜歡被推銷。貢獻、分享價值（這在Clubhouse是被濫用的詞語），人們就會了解你，如果他們需要你，就會知道。

我不建議你馬上開聊天室，你需要建立粉絲，想達到這個目標，就要加入對話，這樣別人才知道你是否值得追蹤。一旦你有了粉絲，在你開聊天室後，就會出現在別人的走廊上，他們會收到你開聊天室的提示，沒有什麼比房間內空無一人更讓人沮喪了，因為他們根本不知道。

YouTube

我在YouTube上起步時，以為只是上傳影片，我對自己說我能做到，畢竟已經做了這麼多年的影片，但事實上它不只是影片。記住，YouTube屬於Google，所以是影片搜尋引擎，為了讓自己被找到，你必須出現在搜尋結果裡。YouTube有點像學校，有完全不讀書，成績卻名列前茅的學生，但是大部分的學生都必須努力學習，才能成功或依然失敗。

所以對大多數的人來說（包括我在內），我的YouTube成長緩慢而穩定。我喜歡這個平台，喜歡自己的影片多年後仍能出現在搜尋類別中（不像「社群媒體」的世界）。

我見過有人在YouTube上的觀眾迅速增加，快速做到七位數的生意，其中一人就是吉蓮·珀金斯（Gillian Perkins）。珀金斯是音樂老師，在年輕時開始創業，音樂事業成功後，就進入網路世界，她想要更重視生活、減少工作量。我記得還看到珀金斯上臉書試圖脫穎而出，突然間YouTube上到處都是她，一段影片很快為她贏得上千名訂閱者和數萬次瀏覽，她的生意開始起飛。她是學習YouTube演算法的資優生，頻道現在有超過兩千五百萬次瀏覽，訂閱者突破五十萬人，還在持續成長。

我一開始接觸YouTube是二〇一三年，最初只是愛好，因為錄製影片是為了好玩，我看到其他人製作漂亮的影片，也非常喜歡看那些影片，所以想到一些可以錄製影片的題材，我也知道有機會用YouTube賺錢。聽起來很酷，但是我不帶期望，那真的只是一種嗜好，所以這樣做大概三年。

我的頻道訂閱者沒有增加，不過在某個時間點，終於開始成長。我有幾支影片的觀看人數暴漲到數千次，這樣很好，但也讓我知道，我不是真的喜歡自己錄製的影片，也不為它們感到驕傲，那不是我想出名的話題，所以關閉那個頻道。

我還是對當YouTuber很感興趣，但是明白需要更仔細思考這件事、做更多研究，才能知道如何讓自己的頻道更成功、如何錄製更好的影片。我進入研究模式，先把YouTube擱置一旁。我著手經營行銷公司，在關閉YouTube頻道的同時，開始這個生意。

行銷公司的工作持續一年半，也在進行YouTube的研究。然後在試圖尋找什麼是找到客戶、幫助客戶的最佳行銷策略時，想起自己曾在YouTube上獲得一定程度的曝光和評論，即使當時的影片都不太好，卻覺得對我的行銷公司有幫助。

所以我著手錄製行銷和網路事業的影片，那個頻道很快就成功，三個月內訂閱者就成長到一千人左右，我也開始從中獲利，第一個月賺了一百一十三美元，下一個月賺了兩百美元，再下一個月也有數百美元。

到第六個月，我賺了一千美元。就在那時候，我的行銷公司也有了收入，其他商業投資中也獲得一點被動收入，現在還有YouTube上快速成長的數千美元，我的丈夫辭職，我則繼續做YouTube和服務行銷公司的客戶。

所以開始進入YouTube的原因，基本上是由於我認為那是得到能見度，讓生意曝光的機會。我知道如果想更加成長，就要學習演算法，於是花費數百個小時學習演算法，弄清楚它到底如何運作。我和小團隊分析上千支影片和頻道，還有它們的資料，釐清演算法究竟是什麼，為什麼有些影片成功、有些卻沒有。這需要投入很多時間，做很多研究。

你在錄製影片時，要思考影片多長，如何吸引觀眾的注意。我專注在盡可能讓影片好看，也讓搜尋更容易，這樣在YouTube的搜尋排名就會高一點。我還利用一些關鍵合作獲得更多曝光率，加速頻道成長的速度。

YouTube是我最重要的客戶來源，也是培養潛在客戶的來源，幾乎所有客戶一開始都是在那裡找到我，如果不是直接來自YouTube，也是因為YouTube。

在YouTube頻道成功前，我在其他平台沒有什麼觀眾，但是多虧YouTube的觀眾增加，我的IG粉絲成長到約一萬四千人，兩個臉書社團也都有破萬成員，全都要歸功YouTube。此外，我沒有其他的曝光方法。

我的電子郵件清單也成長到超過九萬個訂閱者，這是我最珍貴的商業資產，這份清單是我大部分的銷售來源。

人們觀看我的教學YouTube影片，我在影片中提供更多免費資源，只要在電子郵件清單內登記，即可獲得這些資源；而在他們登記後，就會進入推銷網路研討會的自動銷售漏斗；如果他們看了網路研討會，我就會利用追蹤電子郵件再推銷其他產品。

舉例來說，有些人一開始在IG、臉書或Pinterest上找到我，但我能在那些地方有影響力的唯一原因，是先在YouTube大幅增加觀眾，然後這些觀眾再轉移到其他平台。

YouTube 頻道成長的四大祕訣

一、頻道有焦點，不必是某個特定主題，但必須有些重點、一些主題，或是有錄製影片的對象。試著和你的內容保持一致，否則就會不知道要錄製什麼影片，會覺得自己漫無目的。人們也不會訂閱，因為不知道能期待在你的頻道看到什麼，所以首先要有焦點。

二、讓觀眾參與！你的影片節奏要快，這不表示你的語速要超級快，也不代表影片裡要呈現一堆事，雖然影片裡發生的事越多越好。但你要透過影片帶入多樣性，不只是對著鏡頭講話，那種影片也能表現得很好，但很困難，也更像賭博。在最初三十至六十秒內，讓你的影片發生一些變化：無論是秀出你說話的某個片段、換個地方，或是發生一些新的事，或是加入一些文字，但每三十至六十秒就做變化，能讓節奏快一些，讓觀眾投入其中。

三、展現而不要光說。不是用非常描述性的語言說明，就是實際做給我們看，利用道具實際動手，不要光說不練，能讓你的影片更生動，看起來更有趣。

四、學習演算法。學習演算法運作的方法，知道它要什麼，不要試圖利用太多不同的平台，反而會分散力量。如果你想在 YouTube 有所成長，就專注於 YouTube，學習演算法的運作。

Pinterest

我在翻修房間時，第一次發現Pinterest，那裡有好多很棒的圖片和靈感。我花費幾年的時間，明白自己可以利用Pinterest的力量發展線上課程和產品，現在可以利用Pinterest將流量導入我的網站和部落格文章，人們加入即可取得免費內容，最終購買課程與產品。

記住，釘圖（pin）是關鍵。建立色彩鮮豔、引人注意的釘圖，使用像Tailwind這種工具，就可以重新安排你的釘圖，讓它們能一次次使用，好觸及上百萬名受眾。

瑞秋・恩戈姆（Rachel Ngom）教導創業家如何在Pinterest培養受眾。

首先，聊聊為何要將重點放在Pinterest。Pinterest和臉書或ＩＧ等其他社群媒體平台的運作方式不同，不是為了向粉絲推播圖片或想法，而是保留內容、想法或產品供以後使用，這讓它成為完美的行銷平台。研究顯示，大量Pinterest使用者在購買前，利用這個平台考慮購買決定，八七%的Pinner是因為Pinterest而購買！

Pinterest是巨大的流量來源！占我的網站幾乎九四%的流量，每個月超過三萬四千人。更瘋狂的是，我在臉書有五萬個粉絲，在Pinterest上只有一萬四千位，但是能帶來的流量顯然更多。

建立針對你受眾的圖版（用正確的關鍵字）

Pinterest是搜尋引擎，用人們真正在尋找的詞彙命名你的圖版，不要用「我最愛的菜單」，或許可以用「簡易無麩質晚餐創意」。

例如我有一個客戶是健身教練，注重的是間歇性斷食和大量營養素。我建議她建立那些主題的圖版，所以她的標題是：女性間歇性斷食、如何追蹤妳的大量營養素、IIFYM菜單，並在這些主題裡創造越來越多的內容。更酷的是，她已經在Pinterest間歇性斷食搜尋中名列前茅！

既然我有許多觀眾都是女性創業家，有些圖版就叫做女性創業家訣竅、Pinterest行銷訣竅、創業家的APP、社群媒體行銷訣竅、創業家的勵志名言、女性創業家的品牌訣竅等。你的重點是什麼？可以創造什麼圖版來配合這些主題？

為了找出人們在Pinterest實際搜尋的內容，試著在搜尋時輸入關鍵字，跳出來的結果就是Pinterest建議的關鍵字！

設計在視覺上吸引人且值得分享的釘圖

我著迷在Canva.com創造Pinterest的圖片，創造圖片時，要確認字型清晰易讀，圖片中有說明，包括關鍵字。Pinterest可以掃描圖片中的文字，這也會影響你的排序。最終你的圖片必須是瘦長型，將Pinterest圖片用在Canva上。

在釘圖說明裡講述這張圖片的作用（號召他們使用！）

以下是釘圖說明的範例：

範例一：你聽過間歇性斷食嗎？你曾想過間歇性斷食是什麼嗎？基本上，間歇性斷食根本不是節食，而是在一定的時間點進食。對某些人來說，間歇性斷食是十二至三十六小時內不吃東西，請釘圖並閱讀女性間歇性斷食的指引。

範例二：**老天**，召集所有**花生醬**愛好者！**生酮**花生醬油脂炸彈來了。這些生酮花生醬油脂炸彈太棒了！你試過油脂炸彈嗎？我第一次嘗試——我知道將來又會製造更多的生酮油脂炸彈！油脂炸彈是攝入健康脂肪的超簡單方法，而且很好吃！先釘再試！

不要為釘而釘，你希望人們做什麼？讓他們行動起來！

抖音

在過去幾年，抖音以倍數快速成長，雖然有所有權的爭議，但是這個平台的早期採用者已經看到他們的受眾，還有飆升的收入。抖音看來就是許多有趣的舞蹈和動作，但事實上不只如此，你可以提供價值、娛樂、訓練，並在短時間內擴大受眾。

Fitwaffle的海德的粉絲人數已經超過兩百萬，影片瀏覽量也超過六千萬次，這是連電視公司都會滿意的數字！

在它還稱為Musical.ly時，我就下載這個應用程式，因為想在一段巧克力香蕉的影片加上一些背景音樂。當時我不太了解這個程式，而且下載影片後，上面會有浮水印，所以我想，好吧！然後一個月都沒有再開啟這個應用程式。

再回頭使用時，我發布的影片已經有七百多萬瀏覽量，粉絲大約兩萬人！現在我希望自己能保持這個動能，定期發表，但當時那不是我最重視的地方，所以只會偶爾發布一些美食影片。

二〇一八年八月，這個應用程式改成今天的名字——抖音。我看到這個應用程式越來越受歡迎，就開始更定期地發布影片，展示餐廳裡的美食和製作過程，不過那與我今日在這個應用程式中發布的內容大相逕庭。

英國在二〇二〇年三月封城後，我開始錄製簡短的食譜影片，每天都會把這些影片上傳到ＩＧ和抖音，我曾上傳一支三種成分的奧利奧（Oreo）軟糖影片，它紅了，在抖音上獲得大約兩百萬瀏覽量。

在封城期間，每個人都休假或居家上班，烘焙變得極受歡迎，我的食譜也是，有些影片的瀏覽量超過四千七百萬次，粉絲人數也因此大幅增加。在寫這篇文章時，我的抖音粉絲已經突破兩百一十萬。

抖音讓我能接觸、聯繫其他社群媒體平台碰不到的觀眾，讓大眾能看到我的影片，可以被世界各地的人看到。我從抖音獲得巨大的機會，包括大型品牌的合作，出現在世界各地數百篇媒體報導中，還有一些很了不起的事，現在還不能說。

我開始在抖音發表食譜影片時，影片裡沒有標註配方，食譜配方表都在我的ＩＧ頁面@FitwaffleKitchen。因此，我鼓勵抖音粉絲前往ＩＧ才能獲得完整的食譜。FitwaffleKitchen的ＩＧ頁在封城期間極其快速地成長，從二〇二〇年四月粉絲人數為零，成長到二〇二一年七月的五十七萬五千人。

經營抖音頻道的技巧

一、看看領域裡其他的成功人士，看看他們哪裡做得好。仔細分析，找出他們表現出色的原因，並應用到你的成長策略。

二、內容為王。如果人們不想看你的影片，就算成長策略再好都沒用；如果你的影片表現非常好，找出為什麼會這樣，並作為未來影片的範本；如果影片表現得不好，也要找出原因。

三、持之以恆。如果你有很好的內容，但一個月只發表一次，或是本來定期發表，後來放棄，就永遠無法持續成長。持續發表，找出有效的方法，然後繼續下去。

四、最後是適應。世界與平台總是在變化，不要害怕快速改變策略來跟上時代，某段影片在六個月前可能表現很好，並不表示還適合今天，依舊能表現良好。

肯亞．凱莉（Keenya Kelly）教授企業主如何在抖音高速成長的祕訣。

抖音成長的五個祕訣

一、理解「抖音文化」很重要。這是以娛樂為主的平台，所以即使你要發展一項生意，還需要增加一些具娛樂性的創意。

二、影片最多十五秒。演算法偏好完整觀看的影片，你的影片就能因此在推薦頁面停留更久。

三、週期性地呼應一些每日趨勢。趨勢是抖音紅遍世界的原因，你不必跳舞或做出傻事，但是可以利用這些趨勢當作創意靈感。
四、說明要簡短又吸引人。字數不能超過一百五十個字，留一點空間寫標籤也很重要。
五、經常發表。你發表越多內容，就越能在接下來幾天、幾週、幾個月持續傳播。

播客

無論你在開車或宅在家裡，有越來越多人會聽播客。最棒的是，建立播客很簡單。錄製和培養狂熱粉絲相對簡單，不過有些訣竅能讓你的播客登上排行榜。

帕克—納普勒斯是播客專家、商業教練，也是《創業家現身》（*Entrepreneurs Get Visible*）播客的主持人，她偶然發現播客，也很快意識到她的錄音背景很適合這個平台。

我在二〇一七年進入網路領域，目標是接觸很多人，改變生活，讓他們成功，無論他們的成功是什麼。我不知道要如何建立受眾，有人建議我試試播客。

我有錄音背景，也有錄音室，所以這種事很容易，我的播客在二十四小時內就上線了。

我知道這項技術，但是不了解播客，也不了解如何用它建立受眾，更不了解建立成功播客背後的那些小事。我不了解如何推廣、如何從播客中建立誘因，所以我完全不知所措。

我聽了許多成功的創業家播客，他們表示從播客中賺到數百萬美元，我不知道自己哪裡做錯了，因為我的音訊品質一流。所以我學習一切：每篇文章、部落格、課程和書本，我意識到一開始遺漏一個獨特的方式來宣傳節目，播客目錄的關鍵字和標籤也太多，我沒有使用搜尋引擎最佳化，所以無法用來建構事業。

隨著聽眾增加，人們發現我有錄音背景，於是問我：「我要如何建立播客？」「我要怎麼錄製音訊？」

我抗拒一段時間，直到在父母的後花園讀到一本關於播客的書籍，書中對錄音的資訊大錯特錯，我記得自己對父母說：「為什麼沒有人寫這一類的事？」

那就是開始，我開始教導人們製作播客，決定不要做普通的播客，而是絕對成功的播客。因此在推出第一門課程的同時，我發表一則播客，並且總會提早一週準備。那則成為非常成功的國際性播客，一直停留在全球播客排行榜中的前一%。

把像羅賓斯和蓋瑞．范納洽（Gary Vaynerchuk）等人擠下英國與美國的排行榜，因此在開始做播客時，我也發行第一本自行出版的書籍。由於播客的成功，那本書也成功了，但是當時我還沒有太多讀者。

基本上，這個節目在過去二十個月的成功完全改變我的事業。我當時其實沒賺多少錢，現在有了六位數收入的事業，讓我非常開心。對我來說，這是因為節目的品質、了解播客空間的運作方式，以及和聽眾的聯繫，讓我非常容易將人帶進自己事業的其他部分。現在我有一份非常強大的名單，這些人已經成為同伴，我們因為播客而聯繫在一起。

◆關於社群媒體要記住的幾件事

- 建立受眾不容易，有時候令人挫折。演算法會改變，社群媒體平台可能關閉你的帳號，或是因為未知理由而封鎖某段影片。
- 你並未「擁有」社群媒體受眾，只是租用粉絲。你要擁有資料，也就是電子郵件，所以重要的是，讓受眾下載你的免費內容，加入你的電子郵件清單。
- 別忘了將受眾從你喜歡的平台引導到其他地方；例如我利用YouTube建立誘餌，然後用臉書社團培養同一批受眾。
- 讓自己休息一下！有時候社群媒體會讓人精疲力竭，運用應用程式限制你漫無目標滑手機的時間，你要帶著目標登入（然後登出！）。

- 當你第一次出現在社群媒體上時，曝光是很可怕的事，但是你有訊息要和世界分享，我們想聽聽你要說什麼。
- 我總是自己最嚴厲的批評者，我認為你也有同樣的感覺，你不必完美，不必穿下S號的衣服，不必在社群媒體上追蹤名人，做你自己，人們就會被你吸引。
- 你或許擔心網軍會來敲門，網路上總有些奇怪、令人討厭的事情存在，如果你以正能量對待，正能量也會反彈到你身上。如果有人很討厭，記得蜜雪兒·歐巴馬（Michelle Obama）的勵志發言：「當別人低劣攻擊時，我們要高尚回應。」祝福他們，然後按下刪除鍵，他們的問題不是你的問題。

◆你最想把精力放在哪裡？

網路給我們許多難以置信的機會建立連結、賺錢和打造真正全球化的社群。現在窩在空房間或廚房的你，也可以成為內容機器，產生一大群狂熱粉絲。你的挑戰是在一個地方做大，問題是要在哪裡？

- 你想將精力和熱情放在哪裡？

• 你的理想客戶最適合哪裡？
• 你喜歡在哪裡打發時間？

去吧！你有你的故事要分享，我們在社群媒體上見，我想聽聽你對本書的想法！一路為你加油！

第八章 打造吸引人的課程銷售頁面

◇◆◇

你有熱情，也有計畫要和世界分享，你的天賦和能力讓你超越一切，你對銷售和金錢的恐懼與阻礙，不是限制你創造想要生活的理由。

我的目的和使命是幫助你看到，你能為自己的人生和家庭創造真正的財富。如果你經濟自由，可以住在自己選擇的地方，用你喜歡的方式工作，不再被束縛在舊有的工作方式！你只需要接受這種可能性。

世界正快速變遷，那些曾需要人力和腦力的工作在消失中。記得在二〇一二年，當我還是記者時，老東家宣布機器人（人工智慧）已經會撰寫財經新聞，而這只是未來的一瞥。

科技不可思議，我們現在可以利用社群媒體的神奇力量，和全世界的人產生聯繫，用我們的故事銷售自己的想法，在睡覺時也能賺取收入。你只需要筆記型電腦（或手機），就能建立受眾，釋放你的驚人創造力。

不過，還有**一點**阻礙許多人建立成功的事業。是什麼阻止人們銷售？就是害怕被拒絕。在你腦海中的那些問題：「如果他們拒絕我呢？如果我不夠好呢？」我知道，我也曾如此，很多時候仍有那種感覺。

但是如果你的線上課程事業想要成功，必須提醒一些你之前可能沒有考慮的事。事實上雖然我可以不停討論策略、管道和技術，但有兩個關鍵因素是事業成功的基礎：

一、你的心態和從事這份工作的意願，即使你感覺困難，仍會繼續下去。身處網路世界，需要你深入挖掘，努力工作，並認識到你的阻礙和限制。你發行或建立一個產品，卻賣得不好，並不代表它無法取得長期的成長，你必須繼續努力。

二、研究資料！不斷調整、測試和重新義定你的銷售頁面，直到找到潛在客戶，加以轉化，業務就會開始流動，然後分析數據，研究什麼有效、什麼需要調整。

我已經學會迴避對銷售的恐懼，建立能為我銷售的自動系統。學會這一點，你將能為自己和家人創造完整的生活方式，也會開啟許多可能性與潛力。這是**你的**時代，是什麼阻止了你？

成功教練威廉絲分享在網路世界成功銷售的訣竅：

或許網路世界成功的最大特質是堅持。真的，只要相信欲望對自己的意義，持續朝著目標前進，真的對我很有幫助。用非黑即白的方式看待，如果我要它，代表它對我有意義、它是可能的，我不必質疑。現在它或許尚未發生，但是如果我持續向前，採取行動，真正貫徹因果法則，它就會發生。

採取富足的心態。許多人會想著，因為其他人也提供和我一樣的東西，客戶都被對方搶走了，卻沒有認清網路上有超過十億人，所以還有很多客戶，對所有人來說都綽綽有餘。

◆創造成功的銷售頁面

如果你在尋找幫助自己創造被動收入的祕密配方，本章或許是你在打造吸引潛在客戶機器時必備的潤滑油。所以準備好，我們就要開始製造能自動銷售的行銷引擎。你的受眾是引擎的燃料，銷售頁面是自動化機器，在你過生活時仍能運作。對頁面的修改和調整越多，引擎就會運作得越好。稍後再討論修整你的機器，但是我要你們仔細聽，記下筆記，看看你空房間裡的小副業可以不只如此。

銷售頁面會放在你的網站或線上銷售平台，讓你能從頭到尾自動執行銷售流程。你可以接觸到上千人，從創造的管道或銷售頁面影響許多人的生活。這是一個機會，你可以大展身手，也可以和真正的玩家競爭，即使依然覺得銷售很困難！

網路世界最大的好處之一就是，即使你討厭銷售，還是可以銷售。當我開始成為小企業主時，也覺得銷售很困難，我以前打過推銷電話，花費很長的時間和客戶對話，就像是免費提供訓練課程。曾有一堂原本是十五分鐘的試聽課，卻讓我花了四小時！

它應該是這樣運作的：你打推銷電話給某人，企圖賣出產品或服務，然後客戶說出三個字母的神奇單字：「YES！」對我來說，問題在於我害怕向人推銷，我沒有為他們提供服務，害怕被拒絕。我免費提供所有價值，因為並不重視自己或自己做的事。

為了成功銷售，我利用許多工具，從心態到銷售訓練都有。我開始認為銷售是一種服務，也是一種慷慨的行為，你有其他人需要的東西，它會轉變他們的生活和事業，當它真正改變其他人的生活，銷售的恐懼就會消失。

當你改變心態，把金錢視為真正具有變革性事物時，這些阻礙和限制就消失了。為了幫助銷售，我上了幾堂銷售工作坊與催眠療法，幫助突破銷售障礙。在大型發布會上銷售時，我會上靈氣課幫助管理能量。一切都是能量，包括金錢，所以你要在最正向的程度上運作！

在鮑伯．柏格（Bob Burg）和約翰．大衛．曼恩（John David Mann）的著作《業績學：所有超級業務都知道這些事》（*Go-Givers Sell More*）中，我喜歡這句話：

銷售很像農作：你小心翼翼地翻土，選擇合適的種子播下，持續地灌溉、除草和耕作——剩下的就交給上帝和自然，但你必須播種耕作。

本章將告訴你們，如何栽種成功的線上作物，我們將栽培出銷售頁面，培養這些銷售誘因，打造成功的誘因機器。

想像當地城鎮的大街上有一家小花店；店長會裝飾門面，也可能漆上油漆，看來明亮吸引人。店長會裝飾櫥窗，讓你停下腳步，不得不看一眼。線上商店也一樣，你的臉書或社群媒體貼文要能讓人停下手指，它如此吸引你，以至於必須停下來閱讀，然後你受邀繼續點擊按鈕「了解更多」，相當於在真實世界走進店裡。

你點擊社群媒體或廣告，想更了解一項產品或服務，然後連結到銷售頁面。這個頁面簡潔地銷售產品，是為你網路事業提供動力的自動化機器，也稱為「漏斗」，如果你提供免費內容，吸引人們報名加入你的電子郵件清單，這個頁面也是「登陸頁面」。

就像你試圖在現實生活中提升客戶體驗，裝飾店面、用創意展示商品、增加照明設備和支付的場所，網路世界也要做一樣的事。想想你的零售經驗，商店太吸引人，以至於你忍不住想逛逛，然後很快就變成購買。還有一些讓人覺得奇怪的商店；令人緊張的銷售員、裝潢糟糕的店面，或是沒有你在尋找的商品，或是你不知道自己在尋找什麼，還有一些東西就是沒有吸引力。正如大牌零售商會花費數百萬裝潢店面，了解顧客的心理，網路世界也一樣。

你的銷售頁面是客戶的一種體驗，他們想要吸引人的頁面，也要簡單到讓他們願意留下來，不會被「太多」、太過度裝飾而嚇跑，他們想和文案產生聯繫，覺得被你吸引。就像在現實世界的商店，你希望他們決定自己要買什麼，差別只在於不必走向收銀台，只要「點擊」就好。

◆銷售漏斗是什麼？

銷售漏斗只是讓潛在客戶購買你產品的花哨行銷用語，通常由不同產品的幾個步驟組成，每一步都有自己的銷售頁面，潛在客戶可以在頁面中購買產品，這些步驟依你的課程價格與銷售模式而異。

一開始，你或許會將銷售頁面放在網站裡，必須手動將付款連結寄給客戶。隨著業務發展和受眾的增加，你可能想尋找整合式解決方案，幫助連結整合式支付系統，例如PayPal、Apple Pay或Stripe，在網路上無縫推廣產品或服務。

銷售漏斗軟體系統有很多，包括ClickFunnels或Leadpages，這種軟體讓你能夠整合銷售頁面、支付系統和購買後說明郵件，透過漏斗能將大量的客戶自動導向購買。

◆為銷售頁面撰寫文案

在開始想像建立銷售頁面之前，需要製作一些文案。了解銷售心理學，以及如何建立銷售頁面，對你的網路事業能否成功非常重要，因為那是你的門面。

想想大街上的花店，如果看到粉紅色牡丹花，我們會忍不住停下來嗅聞。想像如果你走進店裡買花，而那裡又黑又暗，你或許會三思，因為那種購買經驗不好，或是想像銷售人員很無禮？你會離開，對嗎？但是如果店裡的人熱情好客，然後給你看一些與牡丹花相配的華麗粉色玫瑰，你可能也會買下那些花。

你的銷售頁面是銷售漏斗的商店，你會裝飾，頁面上的文字就是你和顧客產生連結的方式。你裝飾它的方式、你說的話及銷售方法，都會影響生意的利潤（本章稍後會再解釋銷售漏斗）。

銷售文案是用來銷售產品和服務的文字，我一開始時心想：「我做得到，我當記者已經二十年了。」大錯特錯。銷售文案是一門藝術，是不同的寫作風格，文案人員是這個星球上最高薪的作家之一；他們是文字大師、心理學家，也是銷售人員，寫出的文案讓人願意拿出辛苦賺來的現金，買下你的產品。如果你負擔得起僱用文案人員，我建議你考慮，即使是為了某個計畫也好，因為寫作有特定的用語和細微的方式，讓你的產品與服務更有可能賣出，增加你的利潤。但在剛開始時，你或許不會選擇僱用文案人員，我也不會，所以我要在本章告訴你，該怎麼做這件事。

首先，思考人們為何想買你的產品，是不是他們需要（想要）的東西，或是在發現你的服務後，能不能讓他們駐足停留？你在賣什麼？客戶是否知道他們需要你的產品或服務？他們為什麼需要你的產品？你用什麼吸引人們購買產品或服務？

如同賽門．西奈克（Simon Sinek）在動人的TED演講中所說：「人們買的不是你的產品，而是你的信念。如果你談論自己的信念，就會吸引那些相信你的人。」

◆用文案和你期望的對象說話

撰寫文案時，你要跟受眾培養關係，建立了解、喜歡和信任的因素。你越了解受眾，就越容易製作出能與他們交流的文案！

如果你說要和三十五歲到四十五歲的女性對話，沒有什麼意義，但如果你說要對話的人是五十幾歲想創業的更年期婦女，或是三十幾歲正在休育嬰假、感覺迷惘的女性，還是二十五歲左右剛進入職場，剛知道這個世界很糟糕的人，對象就會比較具體。你的目標越明確，對生意就越有利。

回到你曾進行的受眾研究，抄寫你和潛在客戶訪談時的筆記。如果你過去沒有做過這種研究，建議現在就和理想客戶進行一些討論，詢問他們的痛點、他們需要什麼，這能幫助理解需要使用的行銷語言。你可能會發現，自己可以使用討論中提到的語句和詞彙。專注在他們的痛點與需求，同時了解他們的願望，你能向他們展示什麼樣的未來，讓他們最終購買你的課程？

如果你很難找到受訪者，可以到亞馬遜網站上尋找針對理想客戶的書籍，看看人們在評論中使用的語言。

◆列出反對意見

列出理想客戶購買你課程的反對意見，這些原因可能會阻止潛在買家真正點擊「購買」鍵：

- 他們太忙了，沒有時間。
- 他們買不起。
- 不適合他們。
- 他們的經驗不足。
- 他們太有經驗了。
- 對他們來說太專業了。
- 他們看不出這項產品和其他產品有何不同。
- 產品沒有保證或退款政策。

• 價格不清楚。

在撰寫文案時，要解決一個問題。分享帶有反對意見客戶的評價、在某個問題上掙扎的人如何克服，或是你自己克服許多反對意見時的故事。

你或許曾在網路上看到超長的銷售頁面，雖然只有少數人會完全閱讀頁面上的文案，但是文案必須包含所有反對意見，好確保你回答閱讀者的問題！

◆撰寫文案前需要考慮的事

開始寫作時，下列問題可以幫助你：

• 你的課程（或會員計畫）是什麼名稱？
• 你在和誰說話？
• 你的課程標題是什麼？
• 會有多少模組？需要提到什麼特色嗎？
• 課程目前的收費多少？正常的價格多少？

- 你的課程是否有價目表？有沒有其他付款選擇？
- 你的課程提供什麼獎勵？在不同時間點會有不同獎勵嗎？（例如早鳥獎勵或最後購買獎勵）？寫下名稱、細節和這些獎勵的價值。
- 誰是購買這項課程（或會員計畫）的理想客戶？描述將從購買課程受益的人。
- 你的課程和其他人相比，有什麼不同或獨特之處？或許你有一段獨特的經歷，還是你的目標是新創業者、烹飪新手或銀髮族？
- 銷售課程的目標市場是什麼？
- 在你的領域或市場，為什麼你能成為權威？寫下簡短的生平和一些榮譽，但簡歷要與銷售課程相關，不是完整履歷。
- 你的理想客戶能從這門課程獲得什麼具體結果？
- 他們多快能看到結果或得到體驗？
- 過去是什麼阻礙你的客戶繼續前行？
- 課程為他們解決或幫助他們克服的最大難題是什麼？
- 你的課程如何幫他們解決痛點或問題？或是它沒有解決痛點，而是創造需求。
- 想想課程最重要的問題、痛點或需求，你的課程最重要的好處是什麼？
- 用一、兩句話表明，你將如何向理想客戶介紹或描述課程，如何讓他們受益？

- 為什麼現在就要行動？
- 你的線上產品或課程能提供什麼支持？（臉書社團／WhatsApp社團／Zoom會議／電子郵件等。）
- 盡可能列出客戶不購買課程的理由，例如買不起、沒時間、不確定是否適合、我不是專家、我不夠高級、這太高階了、我不夠專業、我太老了、我太年輕又沒經驗、我丈夫說不要等。

◆明瞭你的寫作風格

你的客戶會想到什麼：有力的、「稱兄道弟」的行銷？溫柔且較女性化的？或是你想用「英國女王式英文」寫作？這可能會取悅你的母親，但是否適合你的客戶？

你的品牌特質是什麼？你在社群媒體上幽默嗎？想參考一些精彩的例子，可在ＩＧ上搜尋@girlwithnojob，商業範例可見查琳・強生（Chalene Johnson）的@chalenejohnson，或是貝爾福特的@iamsambearfoot。

或許你提供「教育性的」、教導「知能」的內容，絕佳範例可搜尋凱莉的@keenyakelly，她傳授抖音的一切（在抖音和ＩＧ上）、珍奈特・墨瑞（Janet Murray）的ＩＧ@janmurrayuk、博斯・貝比絲（Boss Babes）在ＩＧ的@bossbabes、YouTube則可以搜尋珀金斯和詹姆士〔計畫生活大師

（Project Life Mastery）創辦人〕。

也許你的內容和「靈性」有關，案例可以在ＩＧ上搜尋伯恩斯坦或傑西卡・休伊（Jessica Huie）的@Jessica_huie，或是狄帕克・喬普拉（Deepak Chopra）的@deepakchopra，或是羅素・布蘭德（Russell Brand）的@russellbrand。

◆設計銷售頁面

銷售頁面要包含以下幾點：

標題

會吸引人進入的大標題或問題。談論一個痛點或挑戰，讓它脫穎而出！這是銷售頁面最重要的文字，讓人們決定要繼續閱讀還是離開。舉例來說：

獲得×××〔排名第一的結果〕，而不需要〔你的理想客戶在嘗試獲得時遇到的最大困難〕。

或是

你知道有××%的〔產業，如創業，或婚姻〕在頭××年內失敗？

副標

進一步支撐標題，並能表明轉變的句子。

問題

深入了解顧客的痛點和挑戰，訴說艱難奮鬥的故事、了解他們現在的實際情況，以及面臨的挑戰。想想是什麼讓他們夜不能寐？對自己的處境有何不滿？最大的挫折是什麼？

例如，「在多年學習之後，研究和閱讀（你已經學習過的事），我發現（欲望，例如為考試而學習／在家訓練小狗／經營我和孩子的關係）最有效的方法。」「即使你（三個具體的奮鬥故事）……現在還不算太晚……」「是的，我保證，現在改變一切還不算太晚。」「我怎麼知道？」

然後介紹一下你的經歷，可能你也曾因為同樣的問題陷入掙扎，談談你如何克服挑戰，或是如何幫助他們克服這個挑戰。

未來目標

這部分要說明，如果他們解決這個痛點，可能會看到什麼樣的未來，他們暗地裡渴望什麼？

你可以用這些話開頭：「想像如果你可以……」或「如果能這樣該多好啊……」然後舉出一些例子，讓買家想像如果克服這個問題或挑戰，生活會是什麼樣子。使用你的理想客戶會用的詞語，感覺你在直接對他們說話！例如想像如果你可以：

- **打破無休止的**（痛點），**利用技巧真的達到**（行為，例如讓你的狗……）。
- **不再**（例如不再看電視，開始享受和伴侶在家的時光）。
- **每晚睡覺時都覺得**（你處理一整天的情緒）。
- **享受**（理想客戶夢想做的事）。
- **對×××情況感到**（冷靜或自信等情緒，例如在會議中感覺更有自信），**因為你學會**（理想客戶的轉變，例如在會議中說話的能力）。
- **簡單達成**（願望，例如創業或訓練小孩上廁所）。
- **寫上更多夢想或情緒。**

只要上這一門課，應用其中的技巧，就能達到這些目的。

提供的內容

這裡是幫助你達成這些結果的第一要素，只需要學習這一門課，並應用裡面的方法即可。

如果你能在（時間範圍）開始看到結果呢？

如果你可以帶著讓你感覺到（情緒）的（你提供的祕密技巧），進入（時間範圍）會怎麼樣？

如果這是你在×××旅程中最好的時間投資呢？（提示：其他人（受眾對象，例如課程製作者／媽媽／夫妻）在完成課程後曾說過一模一樣的話！）

命名你的內容。包括內容的簡短摘要，說說他們能得到什麼：

- 展示他們將得到的課程影片和工具。
- 分享課程模組的圖片。
- 會有直播培訓嗎？
- 會有臉書社團嗎？
- 會有一對一支援或WhatsApp社群嗎？

分享一些具體的特色，但不要告訴他們成分，再說說轉變對他們意味著什麼、解釋轉變是什麼，以及它的獨特之處。凸顯優點，讓它們在頁面上一目了然。分享一些購買課程後，才會得到的額外福利（如果是較高價的課程再這麼做）。然後再提及一次轉變。提及每個項目的價值（例如價值多少錢）。

課程價格

現在，是時候談談「投資」了。你可以聊聊全額付款（而非分期付款）的價值，或是可以直接「假設成交」，可以這麼說：

這門課程通常價值×××……

但現在只要×××就可以擁有它！（半價）

報名後將立即收到所有細節和連結的郵件，讓你可以馬上學習。

請在下方輸入你的訊息，**立即**參加課程！

然後再加一個行動呼籲（Call to Action, CAT）鈕，讓他們進行交易。行動呼籲鈕要明亮突出，上面可以寫：

我準備好×××（結果）了！

做出的保證

這裡要寫上你將提供的保證，這是再次向消費者保證這是合法產品。這完全取決於你覺得合適的內容；你可以提供十四天或三十天的保證，或是完全不予退款，雖然這可能會讓某些潛在購買者卻步。

我將在第十一章談論更多退款與保證的細節。

營造急迫性，推動購買決定

即使課程一直都在特價，但你還是希望人們現在就做出購買決定。告訴他們時間有限，或是只剩三個名額。舉例來說：

限時購買（完整的課程名稱），只要×××（價格）！

銷售產品也不忘介紹自己

這時候該介紹你自己，你不只是銷售產品，也在銷售自己，告知大家為什麼你能教導這門課程，能分享你的知識和專業。

此時並非列出完整的履歷，而是分享你和主題有關的故事或經驗，所以說說你的課程何以為這些學生帶來驚人的結果，然後分享他們的證詞與社會證據。如果這門課才剛建立，取得測試者的回饋就很有幫助，或是人們曾接受你一對一訓練，或是曾參加你舉辦的培訓課程。截圖社群媒體留言，展現你的課程有多不可思議、你有多厲害。如果有，可以再加入影片證詞（如果在起步初期，可能沒有影片）。

告訴他們這門課為誰而開、不為誰而開

列出這門課可以幫助的人，又為什麼可以，例如「這門課是為那些積極想提高他們×××的人。」然後列出課程無法幫助的人。例如：

這門課不適合不想聰明工作，或不想簡單解決問題的人。

這門課不適合不想得到（轉變）的人。

列出理想客戶對課程的問與答

這部分可以列出所有理想客戶對課程的可能問題和反對意見：

- 分享你的品牌價值和立場（或許你是反種族主義，或重視環保）。

- 這門課是否適合苦於×××的人？
- 如果我在課程中想休息一下怎麼辦？
- 這門課適合非技術人員嗎？
- 這門課是否適合沒有×××資格的人？
- 這門課是否適合在×××資歷**過高**的人？
- 這門課是否回答關於時間、金錢、技術能力和對問題的信心等關鍵問題？

為課程內容做總結

這裡要將前述所說的內容做總結，多數人會略過銷售頁面，不想閱讀，但會看看這部分。

- 提醒他們所有可能得到的東西。
- 談談問題和解決方法。
- 最後再次行動呼籲，邀請他們加入。
- 給他們一個選擇，這是你最後吸引他們的機會，這些話很重要。

然後請他們點選進入訂購頁面！

提醒一下，你要表現出親和力與同理心，不要使用對客戶毫無意義的行話或詞彙，如果可以說「讓生意自動運作」，為什麼要說「機器人」？分享轉變。他們將會**學到**什麼？這門課會帶來什麼**好處**？你和市場上的競爭者有何不同？客戶為何需要這種轉變？

艾莉卡．李．斯特勞斯（Erica Lee Strauss）是我的文案人員之一，也是我的「邊睡覺邊賺錢」（Make Money While You Sleep）計畫裡的學生。以下是她的一些文案技巧：

寫出一個出色的銷售頁面，可以震懾最精明的企業家和最自信的作家！不過對想在睡美容覺時，還能輕鬆賣出線上課程的製作者而言，這是一個必備技能！

如果你做「對」了，一個銷售頁面將會：一、清晰描繪理想客戶最大的痛點（他們現在的情況）；二、鮮明描繪出他們的需求（他們想去哪裡）；三、解釋你的課程如何獨特地將他們從A點傳送到B點。

雖然這聽起來像是要在星巴克（Starbucks）點特大杯三份糖漿焦糖瑪奇朵，再多淋一份焦糖那麼複雜，但你不用即興發揮。以下是我撰寫銷售網頁的最佳技巧：

一、構思一個殺手級標題。標題是銷售頁面中最重要的文案，斟酌字句，著重在讀者最大的問題或欲望，藉以抓住他們的注意力。換句話說，你的標題應該說出客戶最想要的、最想擺脫的，或兩者兼備！

範例：「寫一個真正有效且簡潔的銷售頁面」（大願望）、「不要再懷疑銷售頁面上的每個字」（大問題），或「寫出有效的銷售頁面，永遠不再懷疑你的寫作技巧」（兩者兼備）。

二、使用理想客戶的語言。我們說話的方式很容易讓客戶摸不著頭腦；相反地，要用他們說話的方式描述他們的問題和需求，這不只能讓你的銷售頁面更容易閱讀和理解，也讓你的讀者感覺被深深理解，也更可能購買。

範例：你是名人際關係教練，教導客戶愛自己，如此才能吸引人際關係。你的理想客戶是渴望「愛自己」（用那種語言）還是想「找到靈魂伴侶」、「不再遇到爛桃花」？額外提示：直接從臉書社團、調查和訪談會議或其他互動中，竊取理想客戶的語言。

三、關注能帶來的好處，而非功能（或你的方法／流程）。雖然有標誌性流程，或是用有趣功能包裝你的課程是一件好事，但它們最終無法賣出你的內容。

範例：將功能性的語句轉換為利益導向的語句，例如「二十個小時以上正向心理學的獨特內容」，轉換為「二十個小時以上正向心理學的獨特內容，讓你在四週內成為更自信的演講者」。在功能之後，加上「這樣他們就能……」來強調優點。

四、說說你自己。如果想讓讀者相信你的內容，一定要有一段講述你獨特的故事、背景和資歷（或任何讓你獨一無二的事物），這將建立有利的認識、喜歡和信任因素，好讓人們認為購買你的產品是安全又公正的！別忘了附上照片，因為這是網路世界，人們想知道你是真人而不是網路詐騙（同理也適用於課程材料的圖片，也就是展示模型。）

五、增加問答時間。多數人不會全神貫注地閱讀頁面上的每個字，沒關係！增加問與答（或「常見問題」）緩解購買前的緊張情緒。閱讀這部分的人想找到購買理由——就給他們！（人們購物是基於邏輯和感性，這部分的存在就是為了感性！）常見問題包括：「它為什麼價值×元？」「這需要多少時間？」「我不能自學嗎？」還有「我為什麼該相信你？」

六、**具體一點。**有沒有哪句話感覺空泛？增加適當的名詞、顏色、質地、數字，或任何和五感相關的詞彙為其增色。

範例：「你累壞了」換成「你每天在白色餐桌上狼吞虎嚥地吃下晚餐，專心不到三分鐘，就需要一段『抖音休息時間』，沒有力氣做任何事（除了追劇）」。

◆開始動筆，隨時微調

我知道真正動筆撰寫銷售頁面有多難，大多數學生在學習時都興高采烈，但真要動筆時就會放棄。我意識到必須改變這個形式，所以開設「動筆搞定它」（Get it Done）工作坊，讓他們撰寫文案，並完成練習作業。

設定截止期限、有朋友支持、有朋友盯著你，都有助於讓你真正向前邁進。在寫作本書時，我也受拖延症所苦，開始每天跑步（好吧！是快走），但這有助於讓我集中注意力，步上正軌。我在跑步時，會聽克利爾的《原子習慣》，幫助辨識如何改變自己的系統和習慣。

為自己設定兩小時，寫下計畫。你或許會想要漫無目標地滑手機，或是翻冰箱，所以要讓事情簡單一些。改掉拖延症，將手機放在另一個房間，或是盡可能留給自己寫作的空間和清晰的思路。

如果知道有事情要做（必須接小孩放學、五點要喝飲料，或是預約運動課程），都會讓你更有生產力，因為覺得自己必須在活動前完成進度。創造動力，這樣你就可以開始了。萬事起頭難，因為開始新的計畫要消耗很多能量，一旦進入狀態就簡單多了！

一開始可能會有點雜亂，那很正常，你可以在過程中隨時調整，但是有總比沒有好。記得，完成比完美更重要！開始寫吧！有些人會寫，還會寫出一堆完美的句子；我則是從一堆雜亂中，逐漸找出人們想閱讀的內容。

英文老師不喜歡你的故事，不代表你不能在銷售頁面上介紹課程。銷售頁面不是博士論文，是讓人們購買你課程或數位產品的方式，你要告訴他們產品是什麼、為什麼能幫助他們。寫作和其他事情一樣；寫得越多就越容易。我的第一個銷售頁面也糟透了！大聲讀出文字能幫助你理解內容，也有助於語句的流暢，如果還是覺得苦惱，因為這不是你的專長，沒關係，不要為此自責。

要是你真的不會寫文案，可以僱用文案人員，但是大多數第一次製作課程的人不會選擇這麼做。如果你已經是有各種收入來源，也有時間壓力的成熟企業，這可能值得考慮。

記住，隨時可以修正調整漏斗中的銷售頁面，當你看著銷售數字，了解什麼對你的網路生意有幫助時，可以回頭斟酌用語，你的銷售頁面文件是不斷發展的過程。

現在我們要談談支援銷售頁面，也就是銷售漏斗所需的技術，這是製作課程的下一個階段！

◆挑選最適合你的銷售平台

要記住的重點是，你可以從小規模開始，隨著生意擴展再搬移（這不是購買一間要住二十年的房子）。你的銷售頁面開始時會又小又粗糙，但是隨著時間會更加精煉漂亮。你使用的軟體也和你選擇將課程託管在哪裡息息相關，有些課程建立平台有整合式的銷售頁面（Kajabi、Kartra或Teachable），或是你也可以購買獨立的銷售頁面平台，例如ClickFunnels或Leadpages。為了做出對你和事業最佳的決定，要選擇能與課程平台無縫接軌的軟體。

我的銷售頁面使用Clickfunnels，但老實說我推薦Kajabi，它是簡單的整合式解決方案。軟體託管平台有很多，自己做研究，嘗試試用方案，看看哪一種適合你，也可和其他創業家討論，詢問他們對喜歡的平台有什麼評價。

在建立網路事業時，技術可能是最大的問題和限制，只要你破解這件事，就會有無限可能，擁抱適合你的銷售系統。

◆擺脫害怕科技的壓力

漏斗和科技都令人感到巨大的壓力，讓許多人不敢前進。我不會假裝你什麼都懂，也會告訴你，總是有些日子，你想把筆記型電腦扔出窗外。我記得一開始建立登陸頁面時，有個藍色汙點一直無法刪除，當你找不到解決辦法時，實在太讓人挫折了。

然而，面臨的技術挑戰不是你不去創業的理由。從小開始，不要把事情複雜化，做好研究！利用適合你事業、對用戶友善的平台，在你遇到困難時，就會有服務人員幫助你的平台。

如果你的公司有足夠現金或其他收入來源時，有一個潛在選項是將某些技術外包。將收入的一部分進行再投資是很好的投資，讓你可以專注於擅長的領域，建立你的事業。如果要找外包，可以在各個社群媒體平台上搜尋「虛擬助理」（Virtual Assistant, VA）或「技術虛擬助理」，幫助你處理技術問題。我有兩個合作的技術虛擬助理，也很喜歡！我意識到，雖然學會技術，但不能最佳地利用時間，一項簡單的事可能要花費數個小時，有時候還會很燒腦！相反地，我只要傳一則訊息，請對方幫忙，他們只要花費一小時，我也可以繼續服務客戶，創造更多產品。這表示我處於創作的最佳狀態，沒有被堆積如山的技術問題淹沒，能更有效率地運用時間，事業也能順利運作，不再因為技術停頓。你不必知道網路世界的每件事，就能經營成功的網路事業。

只要僱人，你的小事業也能影響人生、改變未來，這就是全球互聯世界的美妙之處。別讓你對銷售、寫作或技術的恐懼，成為不採取行動的藉口！如果我做得到，你也可以！

網路世界有一句話：「新關卡，新魔王」，這是有原因的。隨著事業的成長，你會面臨新的挑戰，事情不會如你所願，人們會讓你沮喪、技術會失敗，但這都不是暫停你夢想的理由。你閱讀本書，是因為你夢想著機會和可能性，知道自己有珍貴的想法，你只需要讓它成真，這是你為自己和家人生活帶來有意義改變的機會。這是你的時代！現在就動手吧！

第九章 靠網路研討會賣出課程

◇◆◇

大師課程（Masterclass）是網路研討會或銷售簡報裡另一個時髦詞彙，我剛開始銷售時做得一塌糊塗！我會製作簡報，「教導」人們一大堆東西，然後來一句「你想買嗎？」最後很可悲地，買的人非常少。

網路研討會是銷售課程的一種方式，做好網路研討會是成功銷售課程的關鍵。我建議在深入籌備發布過程**前**，先做好網路研討會，因為這對你的成功非常重要！然後可在發布會前的推廣階段進行調整。

不管怎麼銷售課程，使用網路研討會銷售簡報通常是行銷策略的核心，無論透過常設性網路研討會銷售（持續銷售）、透過網路研討會進行發布，或是在臉書社團裡建立臉書挑戰，銷售簡報都是最重要的。

不過你不必為迷你課程舉辦網路研討會，因為人們或許不會花費三十分鐘，看一場分享為何應該買一門低價課程的研討會。

◆網路研討會的重要性

要知道，我也不喜歡推銷，我也曾討厭舉辦網路研討會。在本章中，我將告訴你如何建立一場網路研討會。雖然你可能不喜歡做這種活動，但是可以從確定網路研討會的形式，製作可以幫助你賺錢的事物，獲得巨大的滿足感。

「可是，我為什麼要費心製作大師課程呢？」大師課程或網路研討會很重要，因為有了這些，你更有可能成功銷售。現場直播或預錄的網路研討會是虛擬的「實體接觸」，讓客戶可以了解、喜歡並相信你。如果你直接讓顧客看課程的銷售頁面，他們還是可能會購買你的產品，你不必費心舉辦網路研討會。但是如果你的課程費用很高，網路研討會就很重要。

在建立大師課程時，最重要的是練習。一開始會很混亂，但你越習慣在直播時對觀眾銷售，談論一個主題，事情就會變得越容易。剛開始你會感到害怕，但是沒關係，我們都經歷過。像所有的事情一樣，做得越多越容易，本章稍後會討論更多演講技巧。

在我們的腦海中都會有一道聲音，告訴自己不擅長銷售，也不擅長讓人們購買產品。但是事實上如果你想創業，想為家人帶來巨大的潛力，就必須學習銷售，做生意就是銷售你的產品和服務，可能會不舒服，卻必須學習這麼做。

但是在你立刻回應「這不適合我」之前，我要你老實回答這些問題：你為什麼會看這本書？為什麼打算製作一門課程？因為你不想再用過去的方式做事，不想再得到相同的結果，你不想再重蹈覆轍，忙著努力支付帳單，追趕截止期限，購物、保持房屋整潔，讓收支平衡。或許你的工作方式對自己毫無幫助，你像陀螺般忙著接送小孩，趕著上班，趕著回家照顧小孩，煮晚餐，然後睡覺，你感覺精疲力竭、不知所措，想要找到人生的方向和目標。

別人告訴你，這是為了找到平衡，但事實不然；這是為了擺脫乏味無聊、單調又無休止的循環。或許你的事業正在吸乾生命和靈魂，你在事業和家庭之間周旋，知道一定有更好的方法。

我要你找回熱情和目的。你為什麼要做這份工作？最初創業的動機是什麼？你曾經想做到什麼？想要達成什麼？你會在這裡，是因為你想要更重視生活。

- 你想在剩下的日子裡做現在的工作，或是想做一點不同的事？
- 你想為自己和家人創造非凡的機會與可能性嗎？
- 想像如果你可以在任何地方工作，不必被工作束縛呢？
- 你想有哪些體驗？你想到哪裡旅遊？你的國家和冒險清單有哪些？
- 你希望因為什麼而被世人銘記？可以陪伴家人的人，或者總是待在辦公室的人？
- 假日能陪伴孩子是什麼感覺？或是帶孫子去迪士尼樂園（Disneyland），還是和他們一起有不可思議的經歷？

- 想想如果你可以為關心的組織當志工，或是花時間做喜歡的事，或是改變周圍的環境。

網路研討會帶來的好處

如果你繼續停留在舊有的工作方式，只會故步自封，無法實現你的熱情和目標，只會甘於平庸，無法用你的思想影響世界。

你看這本書是因為想要創造新的工作方式，可以和喜歡的客戶做自己喜歡的計畫，可以選擇自己工作的時間。銷售課程是和世界分享你的經驗與知識，並且真正影響他人的機會，你可以幫助客戶解決問題，在很大程度上做出改變。

讓我們將你的網路研討會，重新定義成一種服務。你提供協助人們解決問題的事物，和可以改變生活的東西，幫助他們。在你看到自己分享思想和方法，就能為世界創造的利益與美好時，會失去什麼？你想要繼續做同樣的事，還是想嘗試新的工作方式。

創造網路研討會並不「舒服」，你要走出舒適區，但是它能讓你轉換到新的生活方式。

如果將石頭丟進池塘，會產生向外擴散的漣漪。扔石頭需要用力，但是波浪在水面上擴散，改變池塘的形狀和形式。建立網路研討會是在你的產業掀起漣漪，你要努力將石頭丟進人脈池，邀請他們一起，但這些改變可能是真正的轉變。讓我們開始創造漣漪，改變事情吧！

網路研討會能幫助你快速獲得客戶！為什麼？因為你創造空間，用可控的方式銷售產品。人們花費三十分鐘以上聽你訴說經驗，你的產品為新的可能性打開一扇大門，你要做的只是創造銷售途徑，這意味著銷售將貫穿整場網路研討會。

還記得我說過第一次搞砸網路研討會銷售，是因為把銷售放在最後嗎？在整個簡報裡反覆提及你的課程，這樣就可以無縫接軌。銷售的重點在於自己時，可能會感覺不舒服和討厭，如果你把重點放在學生的轉變上呢？如果你著重在如何幫助其他人，就會更容易銷售，也更有自信，因為你是帶著愛和感激的能量在銷售。著重在客戶的轉變，用愛銷售，事情就會容易許多！

- 想想你的客戶達成目標會有什麼感覺。
- 開始為自己暢所欲言地分享感到興奮。
- 當你帶著感激和服務的態度出現時，對受眾說話會有什麼感覺？

建立網路研討會最大的問題，在於它不是工作面試，你不必背誦自己的經歷和成就，而是要訴說與受眾有關的故事，讓他們覺得如果你做得到，他們也可以！你的故事要能觸動人心，在靈魂層面和他們建立聯繫，如此他們才能感覺「對，我們都一樣！」想想如何在活動或聚會裡和人建立關係，你會聊電視或小孩，然後聊聊你做的事，他們漸漸會說：「我需要這方面的幫助。」

你的社群媒體貼文要注重社交細節，如此他們才能了解你，和你建立聯繫。網路研討會要解釋你做的事、你如何能幫助他們，重點在於**他們**和他們的轉變！

企業家賽斯・高汀（Seth Godin）曾說：「當有疑問時，向客戶出售他們真正需要的東西，也就是你的產品，藉此從他們那裡籌集資金。」[10]我們來搞定網路研討會吧！

◆講述你的招牌故事，引發受眾同感

我們的祖先在平原和沙漠中漫遊時，圍坐在火堆邊，訴說和獅子搏鬥與穿越叢林的故事，藉此自娛。說故事是最古老的溝通形式之一，也是我們理解世界的方式。雖然我們不再需要和獅子搏鬥或躲避野熊，但仍透過說故事分享我們的世界觀，故事給我們所有喜怒哀樂，包括眼淚和恐懼。我記得電視上演《大白鯊》（*Jaws*）時，自己躲在沙發後，或是《六人行》裡瑞秋回來找羅斯時，我哭了，多麼希望能和閨蜜瑞秋與菲比喝杯咖啡。

我們坐在沙發上，看著電視上播放的故事長大。如今在網紅的時代，**你**就是瑞秋或喬伊，你這個小企業主和課程製作者，可以娛樂、激勵並影響他人。你的故事能建立聯繫，能推銷你是誰、你在做什麼，透過你的社群媒體和網路研討會，要分享幾個指標性故事，這些故事要傳達你經歷的轉變，也要讓這些故事與客戶產生關聯。不斷重複述說這些故事，加強你的品牌訊息、你在乎的事及你的立場。

我最近在LinkedIn上發表這段話：

我開始創業是因為健康因素，無法回去上班，而且知道自己想要更多的東西。我的兒子還是寶寶，他得了手足口症，我也得了。這讓我思考自己想要什麼。所以在給兒子哺乳時，我開始用手機寫部落格文章。

我沒有所有問題的答案，但我知道想追求自己的熱情，想改變世界。

你的**為什麼**是什麼？你為什麼做你在做的事？

在這篇文章中，我和讀者交流，分享為什麼要做這件事。你為什麼做你在做的事？是什麼激勵你開始的？你最大的動力是什麼？讓你夜不能寐，還有讓你和客戶聯繫起來的痛點是什麼？

尿失禁是我離開記者工作、開始網路創業的重要原因，但是如果我和專業高爾夫協會（Professional Golf Association）分享自己的故事，就不一定會以此為開始，因為或許無法和高爾夫球選手產生共鳴，你說的故事要和參與者相關。

他們需要在網路研討會聽到什麼？什麼故事能幫助他們看到可能性？寫出你的招牌故事——這

---

10 seths.blog/2012/06/before-you-raise-money-assets-and-expenses.

是你和你品牌的核心故事，而且和網路研討會相關的故事。故事勝過事實，因為它們比事實更容易被大腦消化。想想看，在看網路行銷的內容時，你是想看到一堆統計數字，還是閱讀某人在網路世界的成功故事？對多數人來說，我們偏好故事，而非表格。

故事一部分包含情緒和心理，一部分敘事。想想比爾・蓋茲（Bill Gates）在父母的車庫裡組裝第一台電腦，或是布蕾克莉在全職工作銷售Spanx的品牌故事，這些故事幾乎都成為都市傳說。你的故事在你的品牌和潛在買家間建立聯繫，幫助他們看到你（一個普通人）克服這些障礙，創辦企業，而且成功擴大規模。

你還要分享自己願意做什麼，來幫助客戶得到最好的結果和可能性。你的招牌故事要在敘述中加入一點魔法，你的品牌像是好萊塢大片，而你成為超級英雄。現在想像如果你的故事打動觀眾，讓他們願意購買，會是什麼感覺？

◆打造經典故事的三部曲

在構思故事時，要有起承轉合。經典的說故事方式分成三部分，你可以偷師威廉・莎士比亞（William Shakespeare）和迪士尼，添加到你的網路研討會中，我不是說你要學莎士比亞講話，盜用他的原話，而是可以利用這個過程。

第一幕：想像一部好萊塢電影，一個平凡男人或女人，一事無成，在日常生活中苦苦掙扎，這個場景就是你過去的生活、挫折和挑戰，你播下奮鬥的種子。

第二幕：你失敗了。每件事都不順利，失去一切，尷尬無比，家人認為你一團糟……（你的故事、困難和挑戰），然後你發現這個×××（祕密公式或工作方式），改變一切，現在你找到出路，開始從深淵中往上爬，你帶著我們一起經歷這趟旅程。

第三幕：你繼續爬出深淵。每一天都變得更輕鬆，即使偶爾還是會遇到困難，你終於抵達顛峰！大家都愛你，你是明星，你得到所愛的人。你怎麼做到這一切？我們不太像英雄的英雄進行深切的自我反省，但在網路研討會中，你卻告訴大家，要是沒有遵循三步驟過程（加入你覺得正確的事：獨特的配方／系統／存在方式），一切就不可能發生。你已經知道，如果遵循特別的某個系統，人生就會好很多，可以用自己的方式創造巨大的成功。

你多久聽到一次這種故事？注意人們在網路世界使用這種故事的情況，哪種故事會產生共鳴？哪種故事很煩人？開始逆向工程，研究什麼可行、什麼不可行。現在是時候創造你自己的故事，可以在行銷和宣傳時使用。如果你需要更多資源，唐納・米勒（Donald Miller）的著作《跟誰行銷都成交》（*Building a Story Brand*）是不錯的出發點。

◆提出核心前提

核心前提是用一句話解釋你提供的轉變，讓受眾了解問題，改變他們的思維方式。核心前提是網路研討會的支柱，例如：

（工具，如使用抖音）是最快／最有效的方式達到（客戶想要的結果，如「現在就建立受眾」）

或是

（工具，如嘗試生酮飲食）是最快／最有效的方式達到（客戶想要的結果，如「減去多餘的體重」）

現在你的任務是在網路研討會中證明這一點！你要著重在理想客戶的欲望、抗拒和反對，讓他們改變想法。在舉辦網路研討會時，問問自己：「他們準備好承諾並改變他們的想法嗎？」然後關注客戶的問題和反對點，是什麼阻止他們購買這門課程？你如何讓他們有不同的想法？

商業成長策略師克里斯蒂娜．詹達利（Christina Jandali）熱愛舉辦發布會，由於她的發布會策略，已經建立數百萬美元的事業。

發布會最大的錯誤是，認為人們真的想買你的課程、輔導或任何產品服務。他們不想買你的東西，不想送貨上門，只想解決他們的問題。

這表示我們必須向他們清楚闡述轉變、痛點和解決方案，如果錯誤地只向他們推銷產品與產品的功能，並不會改變他們，要販售的是他們在最後將要創造的情緒與可能性。

◆如何克服客戶的反對意見？

想著會購買你課程的理想客戶，他們最大的問題是什麼？現在的狀況如何？需要從你這裡聽到什麼？反對購買你課程的最大理由是什麼？

我們之前曾討論這一點，但現在再回覆一下理想客戶的幾個主要反對原因，也許他們會說：

- 我買不起。
- 我現在沒有時間。
- 我沒有正確的知識。
- 我不擅長技術。

- 我需要詢問伴侶。
- 我還沒準備好。
- 這門課程對我來說會太高深嗎？
- 這門課程對我來說是不是太入門了？
- 我想等自己準備好做×××，或是我會等到我成功×××為止。

想想理想客戶**不**願購買課程的反對理由，他們提出什麼藉口？又提出什麼異議？寫出客戶會出現的所有反對意見，回頭看看你訪談理想客戶時的筆記，或許會找到更多反對點。

在網路研討會中，你要用故事來克服客戶可能會有的每個反對意見，所以弄清楚反對意見並深入研究，使用你（或客戶）的故事來克服異議。使用先前討論的好萊塢故事法來克服反對意見，說說他們如何掙扎和失敗，然後在工作（或關係、事業）中遇到危機，最後找到解決方案。解決方案是三步驟公式（課程內的祕密配方），讓他們知道如何解決你提出的棘手問題。

在網路研討會中，提出學生成功策略的個案研究和證詞，截圖學生在你社群媒體上的評論，展示你的課程有多棒，把這些都放進網路研討會。使用這個策略來克服潛在客戶可能提出的每個不想購買理由，你的任務是在說出要賣什麼與賣多少錢**之前**，將他們的懷疑轉化為業績。

一旦確定潛在學生不購買課程的理由，即可加以利用並克服，你可以說：「我將介紹關於（學生在這門課程中想達到的目標）三個最大的迷思。」例如：「我將介紹居家健康飲食的三大迷思。」然後你可以分別解釋，利用這個機會反駁他們的反對意見，像是他們沒有時間、沒有資格，或任何客戶認為阻止他們購買課程的主要理由。

◆向你的受眾預售課程

使用證詞傳達客戶的轉變，分享某客戶如何從掙扎走向成功（如果你還沒有客戶，就用測試者的證詞）。用你的故事來克服每個反對意見，當你列出客戶的異議和問題時，可以使用客戶的證詞故事，展示他們如何因上課而成功達到目標，得到想要的結果。

在網路研討會期間，對觀眾提出**是非題**，從「你們玩得開心嗎？」這種小問題，或是「你們想在網路上賺錢嗎？」如果他們對小事情表示同意，更有可能同意大決定，並購買你的產品。

◆提供福利誘因

福利是額外的計畫和課程，你可以把它們作為「附加產品」放入課程中銷售，這些不是本課程的核心內容，而是補充內容。

你可以創造額外的迷你培訓，或提供額外的工作坊；也可以提供電子郵件範本或二十一天計畫的素材資料庫，或是製作社群媒體範本，幫助人們在IG上發文，提供引導觀想，鼓勵他們冥想並放鬆壓力，或是一本二十一天的日記，幫助他們追蹤每日的食物攝取。無論你做什麼，這些福利產品的感知價值要與課程價值相符。

◆製作網路研討會的標題

網路研討會標題應該好記又吸引人，你要吸引他們想知道更多。向你的潛在客戶展示可能性，使用最重要的詞彙「不必」，像是不必被壓垮、不必有壓力或困難，你要讓他們相信這是可以實現的，這是有可能的，你和他們一樣，範例如下：

- 「如何利用YouTube建立誘因機器，不必多花時間在社群媒體上也能重複銷售。」
- 「在LinkedIn上擴大你的受眾，不必發送大量低俗訊息。」
- 「不必花大錢就能烹煮簡單又健康的家庭料理。」

你提供解決方案，並使用「不必」這個詞彙提醒：不必做一些可能會阻止他們採取行動的事。

詹達利分享一些最佳建議：

題目會吸引人觀看，但網路研討會最重要的部分其實不在內容，它的確是人們會花最多時間和精力的地方，但是沒有那麼重要。注意網路研討會中，進入內容之前發生的事。一場銷售的網路研討會是一個有許多洞的水桶，當你倒水進去時，就是在堆積資訊，在網路研討會裡給予許多價值和內容，但它們都會從洞口流出。

甚至在你進入要教導的核心內容前，要確保你會處理人們經常視而不見的問題，談論人們不願打開心胸，接受分享內容的錯誤和信念。

在網路研討會開始時，指出可能阻止人們購買的錯誤信念，你的任務是重新建構和整理這些信念，幫助他們得到新的觀點。只要他們敞開心胸，看見可能性，你就可以分享核心前提：如果他們相信，有什麼東西會讓他們一定成功，他們難道不會買嗎？你要讓他們變得熱情，產生消費你分享內容的需求和渴望。

◆在網路研討會結束時分享購買

在網路研討會的「尾聲」，不要等到最後五張投影片才開始銷售，這時候你要與觀眾分享提案，但是不必「推銷」。

如先前所言，全程都要銷售，所以這意味著不必強行銷售，你用說故事克服反對意見，在整場網路研討會都要不著痕跡地這麼做，在網路研討會上展示你的賣點，就不會讓人覺得不舒服或被強行推銷。然後你可以不著痕跡地分享最後幾張簡報，提出購買方案，讓觀眾忍不住說**好！**

在準備結束網路研討會時，要向觀眾提出他們會說好的問題，例如：「如果有一種方法可以得到（課程所提問題的解決方案）的系統，你會接受嗎？」「如果你一直（做讓你痛苦的事），你（和家人）會怎麼樣？」「我不能保證你們會得到什麼結果，但我能保證不作為的代價、不前進的代價、不做你想要（形容詞）的代價。」

然後探討他們觀看網路研討會的三個理由，他們在尋找什麼解答，只有在此刻，你可以分享方案，談談課程。你可以說：「那麼（課程名稱）很適合你。」

在這個基礎上，你能再次反駁那些異議，可以說：「即使……你（反對意見一），或你苦於（反對意見二）或（反對意見三）。」

現在要談談課程能提供什麼，分享每個模組，解釋如何能提供最好的助力，幫觀眾克服挑戰。介紹課程裡每個模組，分享他們將會學到什麼，但是不要開始教學，或讓他們不知所措，分享「什麼」，而不是「怎麼做」。

想像如果你正要買預售屋，會想看平面圖和建築圖，建商很可能會製作「樣品屋」，讓你看看，想像你的房子會是什麼樣子。你也要為學生做一樣的事，帶著他們閱讀銷售頁面、訂購頁面和購買過程，他們才知道會發生什麼，有助於將學生轉為顧客。最後的投影片應該：

- 總結課程和他們將學到的事。
- 包含所有福利和價值。
- 條列課程的整體價值和福利。
- 用粗體大字寫出課程價格或支付方案。
- 提供**早鳥**福利，他們才會在二十分鐘內訂購。
- 分享銷售頁面的連結，要方便記憶和輸入。

最後，如果是直播活動，可以用問與答結束這場研討會。當你開始回答那些問題時，螢幕上繼續投放最後一張投影片。準備一些你想在問與答裡回答的問題，想想需要解答的異議，學生需要知道什麼問題：或許是支付方案，或許是計畫長度，或是有沒有保證退款？

就像其他活動，沒有人想身先士卒，人們總是羞於提問，安排一些暗樁或朋友提問，讓事情開始運作，只要有人開頭，其他人也會提問。如果是常設性網路研討會，就要確保你在簡報裡涵蓋這些問題和反對意見。這是你反駁人們反對意見，支持他們做出決定的機會。

如果有人購買課程，說出他們的名字，表揚他們！說他們採取行動，加入你的旅程是多美好的事，你在這裡是因為不想人生再碌碌無為。

◆網路研討會的設計工具

對小企業主來說，Canva是最好的工具，也有漂亮的網路研討會設計。使用Canva的好處之一是，你可以製作出設計精美的簡報，也可以添加Canva系統裡的圖片，它有巨大的圖庫，照片都很棒。下載一張圖片要支付一美元，但是以Canva製作網路研討會其實不必下載任何東西；你可以使用Canva，然後點選軟體裡的「發表」（present）。

如果你用PowerPoint、Keynote或Google簡報，可以使用它們的布景主題，再匯入自己的設計。這些系統裡的布景主題很好，但是或許不如Canva時尚，你也需要從圖庫裡上傳圖片。你可以使用Unsplash或Pixabay等網站的免費圖片，它們有好看的圖片，下載後再上傳到你的簡報。

◆網路研討會的類型

如同本章開頭所述，網路研討會有不同的類型。基本上，你的課程是直播型會或常設型銷售（這些選項會在第十章和第十一章詳細說明），會影響你選擇的方法。

就網路研討會而言，可以是技術性，也可以是非技術性。在建立網路研討會時，你需要考慮在哪裡發布影片，在網路世界裡，有很多選擇可以發布你的網路研討會。

直播型網路研討會

你可以「直播」網路研討會，也就是當下邀請人們觀看，並希望他們購買你的產品；也可以在Zoom、臉書、LinkedIn或YouTube上建立直播活動，邀請人們觀看。你還可以定期舉辦直播網路研討會，或是一個月一次，連續直播幾個月，試試哪一種適合你。這個選擇不太要求技術，但也能增加銷售量。

常設型網路研討會

「常設」代表一直存在，大家隨時能看到你錄製的網路研討會。你可以錄下網路研討會，然後上傳影片到分享網站，例如Vimeo或YouTube，將分享嵌在你的網站頁面中，邀請人們觀看；或是可以使用網路研討會軟體舉辦，自動發送一系列邀請的電子郵件，第十一章將詳細談論這一點。

這兩種方法都是銷售課程的好方法，但直播網路研討會更有效，直播代表觀眾能和你及其他觀眾產生聯繫，這是事業起步時最好的方法。

◆網路研討會的關鍵性錯誤

所以如我所說，一開始提供有關使用社群媒體，或是在鏡頭前更有自信的大量訓練課程，我不斷給予，提供內容和資訊，然後邀請人們購買產品，但卻毫無幫助。

在網路研討會中，你會分享一些內容和幫助，但想辦一場有業績的網路研討會，不要分享所有細節。避免「怎麼做」的內容，著重在轉變，否則就會影響銷售成果。舉辦網路研討會要記住的五件事：

一、釐清網路研討會的核心前提。

二、花時間想一個強而有力的標題。記住，你要提供夢想／機會／核心前提，然後承諾這是可以實現的，而且沒有（壓力／花費／其他關鍵字）。

三、使用證詞鞏固你想在整場網路研討會中展示的轉變。讓你的內容不可抗拒，在整個過程裡進行銷售，而不只是提供內容，最後才用銷售給予驚喜。導引內容，讓觀眾從頭到尾都說**好！**下一步就是同意你的提案。

四、規劃你的故事，確保故事的核心能打動觀眾，激發並提供可以感受到的價值。建立聯繫和可信度，全場都可以加入一些證詞。

五、在「結束」時，確保你正面處理觀眾的反對意見，視為故事的延伸，讓證詞為你說話。你要深入觀眾的問題，讓他們看見你的提案如何協助解決這件事。這是你分享的時候！

第十章

課程上線的準備

◇◆◇

想想你生命中的大事，從出生到結婚，無論是哪個值得紀念的特殊生命經歷，都有許多看不見的準備工作，準備課程的發布也有點像這樣。

發布課程是新生兒，你已經為此準備幾個月，或許裝飾育嬰房，到醫院做超音波掃描、購買嬰兒的衣服，花好幾個小時計畫、想像和布置準備。

在兒子出生前，我花費很多時間想像抱著寶寶，嬰兒房掛滿圖畫，買了可愛的連身衣，就像電影裡看到那種光彩照人的母親形象。

身為母親是快樂和美好的祝福，但也帶來許多困難，像是產後憂鬱與尿失禁。我沒想到會難產、走在路上都會漏尿、因睡眠不足而精神錯亂、擔心兒子吃得對不對，以及為人父母要維持的微妙平衡，就像走在鋼索上，還有永無止境的情緒起落。

抱歉，這些訊息有點太沉重，但我想說明發布會的背景。你要想像自己即將舉辦一場驚人六位數的發布會，賺一大筆錢，你絕對可以做到！但就像新生兒，在成長過程中也會有長牙的問題。

在本章中將涵蓋發布會的高潮和低谷，希望你們能學會愛上它！

發布會是讓你的課程走向世界，開始銷售的絕妙方式，也將為你的事業帶來想要的現金收入。但這本書談的是邊睡覺邊賺錢，所以也會告訴你如何舉辦常設性發布會；你絕對可以選擇要不要將新直播變成常設性發布會。這是你的事業、你的規則，所以隨心所欲吧！發布會可以帶來更多利潤，但也可能充滿壓力，以致許多人發誓永遠不再重複這種經歷。

發布會有很多動人之處，也有許多要思考的地方，能刺激受眾，創造需求（和稀少性），如此他們就知道要立刻購買，以免錯過。發布會是為了激勵受眾馬上購買你的產品，而非想著：「我下個月再買。」然後就也沒有回來。本章的目標在幫助你進入成功發布的世界，用發布會啟動你的課程。

◆如何發布你的課程？

課程有各種形式、大小和價格，但有兩種簡單的方式思考如何發布你的課程：迷你課程或招牌課程。

第三章概述過發布課程的事，本章將更深入探討如何發布你的招牌課程或迷你課程。一旦你掌握發布會，就能決定要不要轉為常設模式，可以日復一日將銷售自動化（將在第十一章介紹），邊睡覺邊賺錢；或是你可以選擇刪除，一年用同樣的方式舉辦幾場發布會。

無論你決定如何銷售課程，從發布會開始，為課程創造聲勢都有幫助。用表格說明招牌課程和迷你課程發布會的主要差異。

我都用招牌課程發布會來銷售課程製作計畫「我的課程學院」，這也是你在網路上看到很多知名人士做的事，例如佛萊奧和傑夫．沃克（Jeff Walker），你要找到市場定位，為自己和所做的事創造聲量。

迷你課程發布會通常銷售低價課程，這種發布會通常較小，還可以一邊發展漏斗並測試，同時使用付費廣告吸引客戶。這種系統的好處在於，你不需

招牌課程發布會	迷你課程發布會
售價約5,000元以上的中高價位。注意：價格可以更高，但如此一來，就要在自動化流程中增加銷售會議，客戶才能和你或團隊人員對話。	售價約5,000元以下的低價至中等價位。
課程尚未完全結束，你可以一邊進行，一邊測試調整。藉由現場測試，驗證觀眾的需求。	課程尚未結束，通常不會關閉購物車，你要反其道而行，動用急迫性，表示這個優惠有時間限制。
在正式發布前，至少留下六個月利用社群媒體和電子郵件進行發布前的準備。如果沒有觀眾，或是想要吸引新的受眾，你可以利用臉書廣告，在發布前建立受眾，然後蒐集到電子郵件名單時，可以透過郵件行銷為銷售暖身。	向社群媒體和電子郵件的受眾銷售，同時利用臉書廣告吸引冷流量（例如觀眾不認識你）。

要**任何**電子郵件清單就能開始，這有助培養受眾，也是我的受眾成長到數千人的方法。

迷你課程法對我來說非常有效，但要提出警告，如果你沒有強大的粉絲，而且主要都是使用付費廣告，要小心確保行銷支出不會超出預期收入。設定行銷預算，從小開始，未來你也可以將一些利潤重新投入更多廣告。在課程銷售時追蹤你的收入，不要超出預算。

◆課程銷售計畫

說到銷售課程，你需要有一個銷售計畫。請誠實回答以下問題：

- 你有受眾嗎？
- 你有廣告和行銷預算嗎？
- 你給直播發布會多少時間？

重溫你在第七章制定的計畫，如果你跳過了，請再回頭想想建立受眾的策略。你越有策略眼光，就越可能成功。

課程發布日期

在行銷課程時，心裡最好想著最終目標——實際販售！

如果你打算銷售課程，決定課程發布日期就極為重要。你必須規劃好時間，希望多久發布一次——每三個月或一年兩次？展望未來一年，決定如何使用時間，記得發布前行銷課程的時間大約需要六週。

一旦你製作好內容，就可以為了即將到來的發布會不斷洗練內容。如果你建立發布流程，並且運作良好，就可以一年複製幾次這個發布策略，未來只要做測試和調整即可，不用每次發布會都得重新規劃。你完全可以選擇多久發布一次，無論一年是一次、兩次、三次或六次。不過請提前計劃好日期，避免特殊假期，記得九月和一月通常是最受歡迎的發布時間。

在談論如何向受眾銷售課程前，我希望你先想想自己的數字，要如何向受眾（和潛在客戶）介紹課程。

1月 發布？	**2月**	**3月**
4月 發布？	**5月**	**6月** 發布？
7月	**8月**	**9月** 發布？
10月	**11月** 黑色星期五促銷	**12月**

設定銷售金額目標

根據那個數字，必須有多少學生報名才能符合目標？

你今年想做幾次發布會——六次、五次、四次、三次、二次或一次？注意：六次已經很多，你需要強大的團隊幫忙完成這樣的發布頻率。但是沒有正確答案；只要你覺得適合自己和家人即可。

你想從這次發布會賺多少錢？如果你過去曾發布，看看之前銷售和發布課程時的效果：

- 你的受眾來自哪裡？（付費廣告還是社群媒體？）
- 有多少人報名你的挑戰？
- 多少人參加網路研討會？
- 你還有能進入的網路研討會可供重新利用？
- 從網路研討會購買產品的轉換率是多少？
- 銷售頁面的轉換率是多少？

確認你的發布策略

記住，銷售課程有兩種主要方式。你可以每隔幾個月發布一次，為正在出售課程大張旗鼓慶祝，並展開培訓，以促銷課程；或是長時間銷售課程，這表示你要利用臉書廣告、YouTube廣告或其他行銷策略，持續銷售課程。我們會在本章說明直播發布會，在第十一章將介紹常設性發布會。

提到銷售，一致性至關重要。我們經常嘗試一些東西幾週，然後認為它沒用，就嘗試其他東西，但如果你是園丁，要知道種下種子，就要灌溉，給它們時間成長，你不會每隔兩週就挖出來，檢查它們的生長情況。

無論你決定用什麼策略銷售課程，無論是社群媒體、YouTube或向企業銷售，都要跟著感覺走，做好研究，只要做出決定，就要貫徹執行，讓它發揮作用。真的拜託，不要什麼都嘗試，我建議你專注於一、兩種讓自己興奮的建立受眾方式，跳過其他的！當你不流於社群媒體平台的表面時，不亂投入時間和精力，結果就會顯現出來。

有人會連續一週無意義地發布貼文，就放棄轉而嘗試新平台，但社群媒體不是這樣運作的，你必須有恆心，創造受眾想要的內容。不要當半吊子，浪費你的時間和精力，而且完全不會令人滿意，因為得不到想要的結果！

如果你不喜歡社群媒體，找到適合你建立受眾的方式，無論是研究YouTube上的數據或向企業銷售。

◆你在亂槍打鳥嗎？

亂槍打鳥，希望能打中受眾絕對毫無意義，身為小企業主的你，預算有限。想想世界上的大品牌，例如麥當勞（McDonald's）或可口可樂（Coca-Cola），每年花費數百萬美元透過廣告和行銷與顧客交流，但不是即興發揮，而是有策略。身為小企業主的你需要策略，因為要了解客戶是誰，知道如何與他們交流。你沒有預算或時間在行銷方面胡亂嘗試，希望有哪個方法能剛好擊中人心，但若是聰明運用你微小的預算和時間，就能大有幫助。

第一步也最關鍵的一步是了解你的受眾，在第二章已經詳細介紹這一點。如果你還沒有花時間和受眾交流、研究受眾，投入這項精力是非常值得的。

了解客戶需求最好的方式是和他們交流。我試過好幾種方法，從和幾個理想客戶的一對一視訊交談，到發送電子郵件、提供完成問卷者亞馬遜折價券。

有時候你或許知道一個人的資料，例如年齡、購物地點、居住地點、孩子多大等，但卻不了解他的心。如果你研究理想客戶的訪談，對判斷受眾的信念、態度和興趣會大有助益，搭配常見的年齡、性別等人口統計學研究，有助於建立更全面的受眾資料。

舉例來說，你的理想客戶更喜歡到維特羅斯（Waitrose）購物，還是去阿斯達（Asda）超市？喜歡到普利馬克（Primark）買衣服，還是去約翰路易斯（John Lewis）？他們對當時政治到健康等各種議題有什麼想法？

我在大型英國廣播集團工作時，他們會定期投資聽眾研究，舉辦焦點團體，聽眾對主持人的真實想法是什麼？他們會考慮聽這個電台嗎？

我們會在看影片廣告的前三秒做出決定，我們閱讀標題就會對一則文字廣告做出決定，我們會在看簡報或網路研討會的前三分鐘做出決定，這是我們無意識地運用大腦，對某人或某事做出決定，無意識偏見經常被描述為，對特定族群或個人的社會刻板印象或偏見。消費者會基於年齡、穿著、膚色、頭髮、紋身、有沒有子女（看我們是否喜歡），以及種族等特色，做出判斷，你的受眾正在尋找能產生共鳴的人。

或許你在ＩＧ上因為某人的穿著做出選擇，或是對他們的故事有共鳴，或者覺得他們的聲音很煩人，有意識的大腦只是試圖證明，並合理化你看似不理性的決定。

身為行銷人員，你必須決定如何駕馭這種場面。長久以來，我擔心自己不夠年輕或不適合社群媒體，以此為由自我設限。但後來我意識到，想購買產品的人是因為他們認同我，和我為之奮鬥的事物，我開始將自己的努力視為一種力量，一種受眾會認同的事。

你的聲音和訊息也會引起受眾的共鳴，你不必完美，在社群媒體花費的時間越多，品牌聲音和訊息就越能發展。我的好友特納將自己定位為LinkedIn上企業的局外人，成為吸引他人的優勢，這些人或許也認為自己無法融入那個平台。傳奇人物瑞秋・羅傑斯（Rachel Rodgers）在著作《我們都該成為百萬富翁》（*We Should All Be Millionaires*）裡，講述女性為何只占全球富翁的一〇％。她利用社群媒體公開挑戰，女性難以運用經濟力量創造長久平等的結構和系統，並以此為號召，鼓勵所有社群和背景的富人，不分種族、性別或性取向。我看IG網紅貝爾福特的喜劇片，和IG加人生導航的指導手冊時，對著電腦瘋狂大笑。

當你和受眾交流時，他們會產生共鳴，因為他們和你產生連結，認同你，覺得你是朋友，要在受眾所在的地方尋找受眾。

◆將受眾轉換為成交客戶

不管你多聰明、多有才華、知識多豐富，如果沒有受眾，就沒有業績。本章其他部分將著重於，告訴你如何向受眾推銷，如何在起步時與受眾建立關係。建立受眾對銷售線上課程並非可有可無，你必須決定如何最好發展**你的**受眾。

我知道已經說過這些話，但平均來說只有二％的受眾會購買產品，這表示在電子郵件清單或臉書社團裡，每一百人只有兩人會下單。但我也在本書解釋，這個規則總有例外，擁有高參與度的受眾就能打破這些統計數據！

所以找到源源不絕的新人購買你的課程和數位產品，對事業的長期成功與生存至關重要。在你剛起步時，一切都讓人感覺不知所措，就連最有自信的人也會陷入恐懼循環。記住，我們都是從某個地方開始的，所以起步時保持簡單。

我們將在本章更詳細討論這一點，但是銷售課程有許多不同方法，我也會分享自己和客戶、朋友在網路世界曾用的幾種方式。我們要討論銷售課程和建立受眾的方式，有些方法或許很吸引人，有些不是，選擇你覺得對的！當你將熱情和個性投入受眾時，就會樂在其中，並結交朋友，結果就能事半功倍。

網路世界的奇妙之處在於**每個人**都能駕馭社群媒體、Google搜尋、播客或付費廣告的力量，銷售知識和技能。這不只是大企業的領域，小蝦米也能與大鯨魚競爭，並被視為改變的強大力量和動力。事實上，如果你願意邁出這一步，投入時間與精力（或許還有在數位廣告投入金錢），使用IG、臉書、YouTube、LinkedIn（或任何受眾會出現的地方），就能打造可以自己帶來收入的系統。

不過請記住，雖然社群媒體平台上的數據是有幫助的，但追蹤數不等於利潤。追蹤數是虛榮的衡量標準，不能代表你創造財富的能力，你需要想要購買產品的受眾。在IG上擁有五萬名喜歡看你影片的粉絲，不代表他們會買你的產品，較小的目標受眾通常更有可能購買，也會更想加深和你的關係，所以不要因為虛榮指標而感到沮喪。

將人們從社群平台導向你的電子郵件清單，也是超級重要的事。因為如果有一天說出社群媒體平台不喜歡的話，就會被踢出平台，你或許會說：「這只會發生在唐納．川普（Donald Trump）身上」，但事實並非如此。

如果你提供人們免費內容，將他們帶離那個社群媒體平台，到你的PDF或登入你的測驗，也可能會發生這種情況。讓人們加入你的電子郵件清單後，你就有和他們溝通的方式，而且不受你喜歡社群平台的演算法影響。

在推廣課程時要創造聲勢你要告訴大家這件事，然後舉辦活動。最簡單的方式就是告訴粉絲和寄信，告知你要舉辦一場培訓，分享珍貴的想法，然後邀請他們購買。就是這麼簡單！但可能會讓人神經緊張，所以你為發布會準備得越多，就會越好。

關於直播發布，我偏好臉書挑戰或一系列的網路研討會，接著將說明這兩種方法，你可以選擇適合自己的。注意：兩種方法都適用於招牌課程或迷你課程，主要區別在於，迷你課程可以選擇「不關閉購物車」，而是持續促銷，或是創造稀少性和「一次性優惠」（One Time Offer, OTO）。

◆銷售方式一：臉書挑戰

為了高價招牌課程，我成立一個臨時臉書社團，然後邀請理想客戶加入培訓，我用表格簡要概述這種方式。

我第一次在臉書上直播發布時，預留六週的準備時間準備並製作內容，然後興致勃勃地發布。

將它想像成跑道，你正要準備起飛，飛機要盡量多帶一點燃料，當課程準備好時就能起飛。

挑戰和購物車開關的目的在於創造限制感，人們要在它消失前購買課程。購買課程的機會將在發布的最後一天結束，購物車也將會關閉。在這段期間，你可以推廣課程，創造急迫性和稀少性。

我喜歡透過臉書社團挑戰進行銷售，因為可以從中獲得樂趣，不覺得自己是在「賣東西」。有效的挑戰約是三或五天，越短越好，因為很難保持高能量的動力。關鍵在於宣傳挑戰，提供培訓時也要加一點樂趣，然後在網路研討會中銷售課程。臉書挑戰的最後一天，就是開始銷售課程的日子，你可以提供免費的網路研討

挑戰發布計畫	時間表
發布前：分享與發布相關的內容，抓住痛點，但不要提及實際發布。在臉書粉絲專頁或任何能推廣業務的地方直播。	臉書挑戰前六週。
推廣挑戰：開始談論挑戰，增加社群媒體上的內容。	挑戰前三週。
寄送電子郵件，邀請社群媒體上的人。	挑戰前一週。
每天寄送電子郵件，邀請挑戰者加入培訓。在大師課程那天，每個人寄送三封電子郵件。	挑戰當週。
挑戰結束後的五天內，每天寄送行銷郵件。	購物車開啟：開始促銷活動。
停止銷售的購物車關閉日：寄送三封電子郵件，告訴人們課程銷售即將結束。	購物車關閉。

會或大師培訓課程，分享價值，然後銷售。

挑選開始發布的時機

是時候看看行事曆，決定發布時間。我們採取一點戰術！想著你的受眾，選擇適合的時間，他們會受到學校假期或宗教節日影響嗎？

在計劃購物車開啟日期時，記得預留上述六週促銷時間表，好向受眾推廣臉書社團挑戰，並向他們銷售。你需要這段時間來預熱現有名單，提醒他們，你的專長和價值，也要邀請足夠的優質參與者加入社團挑戰。

發布前的準備

為了促銷你的課程，必須創造聲量。發布有幾個階段：發布前、宣布培訓、培訓，然後是課程銷售。我們將拆解說明每個部分。

記得飛機起飛的比喻嗎？此時內容就是繞著跑道滑行幾圈；繞行是為了得到更多乘客，才能累積足夠的動力和速度起飛。你的課程也是如此，發布前要建立好跑道，吸引更多乘客，累積速度來推動你前進。

你的跑道由六週的內容預熱和一週的發布會組成，在發布的這一週，要為行銷機器注入大量推力，才能讓發布會起飛。在社群媒體上發布大量內容，發送給電子郵件清單上的受眾，讓他們在課程發布前先熱身。在發布前階段，你有機會告知所做的事，將人們引導到你的課程。每週發出二至三封與課程相關的電子郵件，內容包含你的見解、靈感及培訓。

這時候你要告訴大家，有一件令人興奮的事情即將發生，但是不要描述課程的所有細節。同時定期在社群媒體上發文，使用同樣的內容主題，分享價值，幫助人們看到學習課程後的轉變。

假設你正在銷售一門稱為利用 Pinterest 當上小企業主的課程，要分享有關 Pinterest 的基礎知識（也許是建立企業檔案，或在 Canva 上創造釘圖），分享 Pinterest 對企業主而言是很好投資報酬的原因，也要談談使用 Pinterest 為自己事業帶來的轉變（以及你網站的流量），再將證詞穿插其中。

你需要關注的三個關鍵領域是：

- 基本培訓和知識（不要分享你所有的魔法）。
- 展現轉變。
- 學習課程中的過程（這時候不要談論課程）是好主意（用證詞支持這一點）的原因。

電子郵件也要遵循同樣的原則，考慮每週寄出二至三封電子郵件，向受眾提供見解和靈感。你**不是**在賣東西，而是想溫暖人們，讓他們記住你是誰、你的知識，以及他們為何喜歡你。

從卡戴珊家族獲得的啟示

不管喜歡或討厭，實境秀非常受歡迎，無論是節目《與卡戴珊同行》（*The Kardashians*）或《愛之島》（*Love Island*）的人物，觀眾都認為他們「了解自己」。金．卡戴珊（Kim Kardashian）、凱莉．珍娜（Kylie Jenner）、克蘿伊．卡戴珊（Khloe Kardashian）和其他卡戴珊的家人，能賣出價值數十億美元的產品和美容系列產品，是因為得到許多十幾歲的女孩（和大人）認同，想要學習她們的穿著與行為。實境秀將電視人物帶到新水準，讓他們變得非常「真實」，是觀眾可以交流的人。

課程建立的網路世界也一樣，金和她的姊妹告訴我們，分享自己的生活，談論我們的工作，真誠地和人產生連結，對我們的事業都非常珍貴，也非常有利可圖。想想網路世界。我們在沒有名字的面孔和「不真實」的人群之間穿梭，然後有人給我們機會，讓我們可以彼此產生連結，更了解對方，你會抓住這個機會！

我知道自己一直在說同一件事，但用發布會來促銷線上課程是賺錢的方法。沒錯，很激烈，但是舉辦網路研討會意味著，如果有免費培訓能讓他們熟悉，並解釋你做的事，不只是讓他們看銷售頁面，就可以讓更多人購買你的產品。你可以了解他們，和理想客戶建立關係，正如卡戴珊家族成功銷售數十億美元產品的方法。

建立臉書社團挑戰，可以將觀眾聚集到一個地方收看你的培訓內容。在那三天、四天或五天，你就是明星，就是觀眾想要學習和聆聽的人。你分享自己的見解和知識，讓聽眾活躍，回答他們的問題。在這個過程中，你向他們銷售課程，也開啟可能性，讓你的課程或計畫可以幫助他們。

在臉書社團創造直播體驗，表示你更有可能賣出產品，得到更高的轉換率。那麼，你究竟要如何邀請人參加臉書社團挑戰？

宣布免費培訓

透過發布前的準備，可以讓受眾預熱，在臉書挑戰前三週，利用社群媒體和電子郵件告訴受眾，希望盡量有多一點理想客戶能了解、報名，最終購買你的課程。

一開始先邀請在電子郵件清單上的人，還有社群媒體上的粉絲加入培訓。小測驗是好方法，可以先吸引人們加入電子郵件清單，再邀請他們加入你的免費挑戰。

如果你有預算，也可以買廣告推銷免費培訓。我曾利用臉書和ＩＧ廣告找新人參加免費挑戰，最終推銷我的招牌課程。在沒有觀眾時，我也曾用廣告來培養受眾。這是你的預算，由你決定是否要用在廣告上找尋參加挑戰的受眾。談論你的培訓，分享將如何幫助大家，他們會看到什麼轉變。

建立一個登陸頁面，他們才可以報名你的培訓，Kajabi或Leadpages都有網頁可以銷售你的免費內容。你希望人們感覺有必要加入免費培訓，因為它聽來很棒，正是他們需要的。

以下有一些文案，能幫助你思考登陸頁面的內容：

準備從（痛點）走向（解決方法／欲望）
加入（免費培訓的名稱）來幫助你……

加入為期四天的免費挑戰（日期），
將×××（痛點）轉變為（解決方案）。

<<<立即免費加入！>>>（按鈕）

在（**挑戰名稱**）**挑戰**中，
我們將在接下來四天介紹以下內容：

- ✔ 為什麼對×××來說比以往任何時候都重要？
- ✔ 如何獲得×××？
- ✔ 如何清楚了解你的×××？
- ✔ ×××裡永遠都無效，別再犯大錯，快速取得成功。

在社群媒體上推廣免費培訓

在發布前的準備中，要讓人們對你的內容感到興奮，分享你在做的事，告知大家你正在做一些令人興奮的事。讓他們看看製片或課程建立的幕後花絮，但別太詳細，只讓他們偷看一眼你的世界。

想想卡戴珊，她們在推廣某件事時是怎麼做的？展示拍攝、化妝和準備時的幕後情形，你的課程也要做一樣的事。一定要在社群媒體上宣傳你的免費培訓，告訴人們這件事，而且要經常說！

- 訴說你如何從×××（痛點）走向成功，還有如何做到這一點的故事。
- 聊聊你的心態，以及如何應對成功帶來的挑戰。
- 分享你的掙扎和必須克服的事。
- 談談你的靈感和動力。
- 分享一些訣竅，幫助想向你學習的人（別分享太多，一次一點點就好）。

克服反對意見

建立反對意見清單是通往成功的墊腳石，如果你能幫助別人克服購買時的阻礙、恐懼和懷疑，即使是在臉書挑戰階段，銷售課程就更容易。

身為害怕銷售的人，這改變我的遊戲規則。在電子郵件與臉書社團挑戰裡納入所有反對意見，幫助我擺脫對銷售的阻礙和恐懼。如此一來，等我開始銷售時，只要介紹方案就好，不必做任何銷售行為。感覺實在好多了，我不再覺得尷尬或結巴。

你希望他們購買課程，但他們會有許多不能現在購買的理由。你的任務是克服這些反對意見，一點一滴地消除，好讓他們沒有藉口，在你真的要開始銷售時，他們就會意識到**需要**你的課程。

列出所有可能**阻止**受眾購買課程的痛點和理由清單，例如：

- 太貴了，買不起。
- 沒有時間。
- 我需要詢問伴侶。
- 我準備好了嗎？我還不夠好……
- 這適合我嗎？我是否太有經驗？
- 我不是專家。
- 我不擅長技術。
- 我在社群媒體上很害羞。
- 我沒有自己的事業。

當你開始分析理想客戶的痛點，以及他們無法購買課程的理由或藉口時，克服它們就是**你的任務**。你要在社群媒體上推廣培訓，建立貼文，聊聊培訓，還有反駁反對意見的貼文，例如貼文可以寫著「什麼時候是了解×××的合適時機？」或「我如何學會×××」。

你的反對意見清單有助於克服理想客戶的藉口，幫助你在不尷尬或不低俗的情況下賣出課程。如果今天你要做一件事，就建立這份理由清單吧！我在本章會一直討論這份清單。

直播發布的準備工作

現在來詳細規劃你的臉書社團直播發布活動，我會提供一份藍圖，你需要花點時間規劃分享的內容，不要到最後一分鐘才做這件事，至少要在挑戰前幾週做好準備。我在活動開始前幾個月，就計劃好挑戰了。

你要事先做好以下工作：

- 計劃推廣的內容「跑道」。
- 建立至少三週的社群媒體貼文，每天和受眾分享。
- 每隔兩、三天寄送電子郵件給受眾，告訴他們相關的故事和資訊。
- 建立臉書廣告（如果你有購買廣告）。
- 建立登陸頁面，好讓人們能加入挑戰。
- 在挑戰前一週寄送五封電子郵件，邀請受眾加入。

- 挑戰當週，寄送電子郵件提醒人們每天都來參加挑戰，早上一封和培訓前三十分鐘一封。
- 準備網路研討會。
- 建立要寄出的銷售郵件。
- 想想挑戰中的獎品。

臉書挑戰應該包括的內容

在計劃臉書挑戰時，首先要決定你想「教」什麼。學生和參與者將向你學習，但是不要複製課程內容，可以分享在他們踏入課程學習**前**，需要思考的幾個步驟。舉例來說，如果你要教導如何在ＩＧ上發展事業，就介紹一些基礎知識，例如建立短影片，或是哪種圖片、影片最有效。

每天為參與者建立一個任務，任務要和你的課程相關，讓你能分享知識，參與者才會看到具體成果。如果你要教導人們如何提升臉書觸及率，可以創造一個挑戰，透露一點什麼，但在不說出課程所有祕訣的情況下，又能看到轉變，你要讓他們知道什麼是有可能的。

你也要想想先前討論的反對意見清單，利用這份清單幫助決定需要討論什麼，學生在什麼事情上有阻礙？什麼事需要幫助？你怎麼才能最好地幫助他們？

如果反對意見是「我現在沒有時間做這件事」，就可以談談你的培訓將如何為他們節省許多時間；或許反對意見和錢有關，「我負擔不起」，就談談你的培訓中開源節流、創造財富的潛力。你越能克服反對意見，就會越成功。

我建議從週一到週三／週四進行挑戰，在最後一天舉辦大師課程（避開週五或週末）。在社團挑戰裡，計劃三至五天的培訓，這裡有一個例子可以幫助你。

第一天挑戰：（例如更新你的IG大頭貼照片，讓它看起來像這樣……）

分享一則故事，幫助人們了解為何需要從×××變成○○○。故事中要包含一個轉變，以及你要仿效這個故事時，如何克服反對意見。

記住：描述「是什麼」，而不是「怎麼做」，然後問問自己，你的受眾能學到什麼？他們會得到什麼轉變？

第二天挑戰：（例如更新IG個人資訊，讓它變成這樣……）

分享一次學習或轉變，幫助人們了解需要如何改變某種心態，或是學習用不同的方式思考、練習或看待事物。

記住：描述「是什麼」，而不是「怎麼做」，然後問問自己，你的受眾能學到什麼？

他們會得到什麼轉變？

第三天挑戰：（例如創造你第一則ＩＧ短影片……）

分享一個你已經克服的障礙，告訴他們也能克服這個挑戰。

分享轉變，轉變是什麼樣子？告訴他們必須注意什麼，但是不要告訴他們如何達到目的。你的受眾能得到什麼？

第四天培訓：大師課程

最後一天要加入一堂大師課程，你可以向人推銷課程，改變心態。

重新檢視第九章所說的網路研討會架構，在挑戰前幾週就開始準備網路研討會。你可以在臉書社團中分享螢幕，或是想邀請人們透過Zoom加入會議培訓，這樣感覺會更親密。使用第九章的具體大綱，詳細了解製作內容、痛點，以及如何使用該公式成功銷售產品。

培養與潛在客戶的關係

在挑戰中，你要培養與潛在客戶的關係，傳私訊給他們，歡迎他們加入這次培訓。詢問他們過得怎麼樣，看看能夠如何提供最好的支持和協助。你要利用他們的名字，在任何聯繫上建立關係（例如「我看你來自愛丁堡，我婆家也是愛丁堡人……」），詢問一些開放式問題。你要創造對話。在有意義的互動中，你或許能將臉書社團的某個成員培養成理想客戶，讓他向你購買產品！

持續培養關係。在挑戰正式開始前，試著主動接觸他們，並在挑戰過程中持續對話，詢問他們進展如何、是否需要幫助。

寄送電子郵件給受眾

邀請受眾加入挑戰。挑戰前一週，連續五天寄送電子郵件給他們。在郵件中，談挑戰，不談課程，告訴他們為何會看到這樣的轉變、為何需要向你學習的理由，你在分享知識和專業，而不是在銷售課程。

在挑戰那一週，每天早上寄送電子郵件提供挑戰者執行今日的活動。郵件提供一個轉變，向他們展示如果走出這一步，可能會發生什麼。你要讓學生看到新的未來，展示當他們閱讀你轉變的故事（或是你客戶的故事），他們會有什麼新的可能。

此外，在培訓開始前半小時或一小時再寄送一封電子郵件，例如若是培訓在晚上八點半開始，就在七點半寄送電子郵件提醒，培訓將在一小時後開始（或半小時後）。

你的電子郵件時間表會像這樣：

週一

郵件一：早上七點（或是最適合受眾時區的時間）。

郵件二：晚上七點三十分（提醒受眾培訓即將在一小時後開始）。

週二

郵件一：早上七點（或是最適合受眾時區的時間）。

郵件二：晚上七點三十分（提醒受眾培訓即將在一小時後開始）。

週三

郵件一：早上七點（或是最適合受眾時區的時間）。

郵件二：晚上七點三十分（提醒受眾培訓即將在一小時後開始）。

週四

在大師課程日當天，寄送四封電子郵件。

- 早上七點：電子郵件可以寫著，好興奮，大師課程要開始了！快點擊連結加入。
- 晚上七點：等會兒就是大師課程，準備好了嗎？準備好筆記型電腦了嗎？快點擊連結加入。
- 晚上八點二十五分：還剩五分鐘，大師課程要開始囉！
- 晚上九點三十分：寄送第一封銷售郵件。

大師課程白天的電子郵件結構有些不同，因為你希望受眾參加培訓，如果他們出現在培訓課程中，就更有可能購買你的產品。

人們在觀看我的培訓時，購買產品的轉換率是六〇％，閱讀電子郵件的轉換率則是五％。所以如你所見，發布會的成功取決於人們來參加培訓，並購買你的產品。盡可能簡化參加培訓的方式，如此他們才能了解你，觀看你的網路研討會，並且可能購買產品。

提醒他們手機關機，或是盡可能避免分心。如果觀眾有小孩，或許要在培訓課程開始前，先讓孩子上床睡覺。你希望參與者盡可能再次出席網路研討會，如果可以的話，利用軟體傳送訊息給受眾，這是提醒他們出席的好方法！

切記提供挑戰獎品

進行挑戰時，要鼓勵人們加入挑戰，贈送獎品是讓人們保持興趣和注意力的絕佳方式。

人們喜歡贏得好東西，我會贈送幫助人們課程學習的設備，但是我知道有人會贈送假期或包包。我也會加入「挑戰賓果」遊戲，人們就會在培訓中仔細聆聽、尋找關鍵字，如果他們在正確時間「賓果」，就能贏得網路書店禮券。

◆銷售方式二：網路研討會

我經常被問到，沒有使用臉書挑戰的話，要如何發布數位產品？有些人不喜歡臉書，或是不喜歡在臉書社團直播發布會帶來的壓力。

另一種選擇是網路研討會發布。用六週的時間製作能鼓勵、教育人心的內容和培訓，並展示你做的事；然後在活動前三週，開始邀請人們加入一系列的網路研討會培訓。

這個過程的壓力較小，因為發布會的元素會分散到兩至三週，例如你可以在週四及隔週的週二和週四舉辦網路研討會培訓，然後邀請人們加入名單，就能第一個知道課程何時開始銷售。在發布期間，網路研討會培訓可以舉辦數次，然後在隔週的週一到週四「開啟購物車」。

發布時間表會像這樣：

你的發布時間表

為了制定你的時間表，讓我們倒推六週：

- 課程什麼時候開始？
- 購物車什麼時候開啟？
- 購物車什麼時候關閉？
- 你要舉辦多少場網路研討會？又要在什麼時候舉辦？
- 何時開始推廣網路研討會？
- 何時開始發布前推廣？

臉書挑戰方法中概述的自然流量和付費流量、發布前電子郵件的頻率，以及解決異議的原則，在網路研討會方法時同樣適用，主要差

網路研討會發布時間表	行　動
第一週：發布前開始準備	製作具有教育、支援、激勵效果的社群媒體內容，說說和課程有關的內容，但不要談論你的課程。
第二週	用你的內容造勢，提供價值，讓人們了解你，喜歡你做的事。開始建立期待，「暗示」某件事即將發生。建立有助於發布的內容，你需要打好基礎，開始規劃和這些內容對應的部落格文章、播客、影片及社群媒體貼文。
第三週	邀請人們參加下週開始的大師課程。
第四週	最終推廣，讓人們加入你的大師課程，並在週四開始大師課程。培養關係，私訊給人們，看看他們能否加入。
第五週	週二和週四重複舉辦大師課程，然後邀請成員加入電子郵件清單，即可獲得課程資訊。
第六週	購物車開啟四至五天，例如從週日（或週一）開始，在週四半夜關閉購物車。
起飛！	開始上課。

別在於將直播臉書挑戰轉變成一系列網路研討會。記得再重溫第九章，了解成功的網路研討會要有什麼內容、如何舉辦，也可以到 www.makemoneywhileyousleepbook.com/bonus 獲得更多幫助。

寄送銷售電子郵件

依各自的發布方法完成大師課程或網路研討會後，要馬上寄送電子郵件，告知購物車已開啟，並附上銷售網頁的連結，讓他們購買你的課程。電子郵件要包含以下幾點：

- 過去學生的證詞與成功故事。
- 表示課程架構的圖表。
- 福利。
- 他們在課程中能獲得什麼。
- 分享轉變。
- 寫上課程價格。
- 在發布週期的後期，你可能還會提供支付方案的細節，以刺激買氣。

在銷售郵件中加入課程的證詞和客戶評價截圖，但是不要漫無目的，你要告訴受眾，它們為何重要，這對他們有何意義。想像你正要購買一盒Betty Crocker巧克力鬆餅材料包，「想來一點可可和麵粉嗎？」他們賣的不是食譜，而是你能享受烹飪樂趣，而且超級簡單的事實。

在分享課程證詞或更多細節時，記得你銷售的是轉變，還有轉變對某人的意義，你不只是賣課程的「細節」。例如當我在電子郵件中分享客戶的成功故事時，就會說出這些轉變代表什麼：

- 在世界上各種事件層出不窮時，能獲得安全和額外的收入來源。
- 辛勤工作的創業家最終能脫離忙碌，創造夢想，得到長久渴望的自由，不用時間換取金錢。
- 看到企業主在最具挑戰性的時代，創造新的可能性和希望。
- 這些才華洋溢的企業主都有能力自熱情中受益，揮別不再適合的工作。

我很熱愛這部分，但不會再多說，因為我們都有各自製作課程的動力。無論**你**製作線上課程的理由為何，都是你力所能及的。記住，你不是分享課程，而是在銷售轉變，他們的生活會如何變得更好？你要教導他們什麼？

加入課程細節

在銷售頁面與電子郵件中，你還要加入課程內容。這是我的招牌課程「我的課程學院」的細節範例，你可以著重在課程的影響和重要性，而不是模組本身的細節。例如：

在課程中，你可以得到：

- 八堂培訓模組，告訴你將專業知識轉變為極成功**又**極有利潤的線上課程需要做的**一切**。
- 幫助你保持步上正軌的練習作業。
- 八週以上的每週電話問答，你可以在適合自己時區的小型支持團體裡直接和我對話。
- 每週與我的技術專家進行技術電話問答，為你提供幫助和支持。
- 可進入臉書私密社團，獲得個人化關注、督促和支持。
- 臉書直播挑戰，提升你在鏡頭前的自信。

你的課程將和我的不同，你或許決定不想納入直播元素（我有很多課程都沒有直播教學）。

在郵件中也要提及福利，你可以提供額外的課程或培訓，吸引學生購買課程，或許是額外的培訓或工作坊，或是了解你事業的「幕後甘苦」。例如，若你是健康教練，或許二十一天的日記能幫助學生持續學習；如果你販售製作起司的課程，可以考慮搭配一些受眾可能會感興趣的酸辣醬食譜。

所有福利都是為了幫助理想客戶克服他們的反對意見。再以健康教練為例，客戶的異議可能包含：「我有時間做這件事嗎？」「太貴了嗎？」「這有效嗎？」因此如果你能創造足以克服這些異議的福利，例如和孩子一起運動，或是「午餐時間能量課程」，就能克服「缺乏時間」的問題。文中還要分享學生做這些事（而不是上健身房）的證詞，分享他們的成功故事。

發布銷售期間該做的事

你的銷售啟動期（販售課程時）將維持約五天，如果你在週四開啟購物車，就在週二午夜關閉購物車；或是你在週日傍晚舉辦網路研討會，就在週四傍晚關閉購物車。

想想你的理想客戶，他們更喜歡在週末或週間收看？如果你的課程著重在職場生產力，很可能安排在週一到週五；不過如果目標是媽媽們，或許週日傍晚是舉辦大師課程的絕佳時間。這是你的規則，要決定什麼適合自己和自己的受眾。

在銷售啟動期間，每天寄一封電子郵件，這些郵件訴說各種故事，要確定這些故事反應先前討論的痛點和反對意見。電子郵件要包括：

- 證詞和成功的故事。
- 意外的額外福利。
- 你可以增加額外的付款方案。
- 你也可以分享課程的圖表。

- 用你的故事和福利克服客戶的反對意見。
- 在倒數第二天，說「二十四小時後優惠即將消失」。
- 在最後一天關閉購物車，寄出四封電子郵件。

為了在發布期間保持聲量，我增加額外的福利。所以在前四十八小時購買者有「早鳥」福利，還為那些還在考慮、無法決定的人設計購物車關閉前的福利，我會將這些福利寫進郵件裡，每天都在內容中添加一些新的訊息。如果你銷售的是高價課程，或許想讓人能選擇與你預約通話，進一步討論細節，將這一點也寫進銷售郵件裡。

購物車關閉前四十八小時，我會介紹為無法全額支付的人設計的付款方案，人們可以用六或十二個月分期付費。購物車關閉那天，我會寄出四封電子郵件，時間點將於下文說明。然而如果你的觀眾來自全球，以主要市場時區為主，例如美國、英國和歐洲、亞洲或澳洲，或許需要調整這些時間點。

你可以遵循這個格式：

- 早上七點：提醒今天要關閉購物車。
- 中午十二點：寄送一封非常詳細的電子郵件，你的課程為何如此具有變革性，和你在課程發布後馬上寄出的郵件相似，內文也要加入證詞、福利、課程細節、轉變及付款方案。

- 晚上八點：提醒購物車將在幾小時後關閉。
- 晚上十一點（或你決定的時間）：寄一封超短的電子郵件表明：「購物車將在一小時內關閉。」

額外的培訓和連結機會

你也可以在ＩＧ或臉書社團提供額外的問答環節，能在這些環節討論課程，也可以擊退任何導致人們猶豫不決的反對意見。

邀請過去的學生加入，直播分享他們的成功故事。

◆管理壓力，不要害怕發布會出錯

在發布會上，我會盡可能地享受樂趣，會裝得淘氣，試圖讓課程輕鬆有趣。發布會很緊張！壓力很大，事情總會有失誤、出錯，做任何對你有用的事，盡量享受過程。我也曾在銷售頁面上寫錯價格，也曾有過失敗的瘋狂臉書直播，影片還出現在奇怪的地方，有時候你的臉書廣告會被拒絕。

允許失誤和技術災難，別擔心，我們**都**曾有過**！**這都是學習經驗的一部分。機器人會拒絕你的臉書廣告、人們不買單，你的心情就像坐雲霄飛車一樣上上下下。

你的精力是寶貴的，因為你的表現會決定發布會成功與否，如果你沒有樂在其中，也會表現在銷售上。確保為自己安排好時間，你可以來一堂靈氣課或按摩，或是上一堂瑜伽或跑步，在準備發布會的過程中，做一些能讓大腦放空，也放下恐慌的事。

我都會預約靈氣課程幫助恢復精力，也幫助管理壓力。記住，就像生產一樣；你也正在讓課程誕生到這個世界上，你如何處理那些情緒？在發布會中，你的心態很重要。

威廉絲分享在發布會的訣竅，以及對金錢的建議：

要非常確定你的目標。你想有多少被動收入？在事情發生之前，你可以著重和想像哪些具體的事物？

別害怕在銷售時大膽談錢，我做生意時曾被連續拒絕五十四次！我覺得這是因為人們本來想合作，我以為他們有錢，但並非如此。不過沒錢絕對不是真的，人們總能為想要的東西找到錢，當有人說想和你合作，但是下句話又說沒錢時，這時候要繼續對話，可以說：「我真的相信你很有資源，你可以找到錢，我們來聊聊可能的方式。」

你要知道，總是有錢滿足你的欲望，你只要找到它。因此每個問題都有一個同等或更好的解決方法，錢也是一樣，所以要繼續對話，不要擔心談到錢。
把自己的使命放在最前面，無論如何都要前進。

◆了解你的數據

政治與全球事件和劇變都會影響你的銷售，想成為企業家就要知道這一點，這就是保留精力、從財務觀點了解發布會成效是很重要的原因。

有時候發布會會出錯，要知道每個人都會遇到這種狀況，重要的是做數據偵探，利用你的指標和資料了解發布會有多成功。

現在我要坦白，我討厭看數據，它涉及加法和數字，讓我感到害怕，但事實上當你了解數據時，就能明瞭事業的情況，知道它是否成功，而不是你以為是否成功。許多課程製作者不看資料，只用情緒決定發布會是成功或失敗。當你理解以下內容時，會幫助你做出更明智的決定。

很多課程製作者來找我說：「我的臉書廣告沒效，所以我取消了。」或是「銷售課程在我這一行沒用。」同樣地，事實是除非理解資料，否則你只是依情緒做出判斷，而非基於事實做出決定。

- 你為挑戰報名頁面帶來多少流量？
- 查看銷售頁面的訪客數。
- 有多少人加入挑戰？
- 有多少人收看你的網路研討會？例如有一百個人觀看你的網路研討會，七個人報名，網路研討會的轉換率就是七％。
- 有多少人購買課程？

商業成長策略師詹達利分享發布會需要考慮的三個因素：

第一，準備期，要讓人們對你提供的東西產生熱情，讓人們了解產品。創造對話，要求針對主題交流，而不是隨便說說，只是為了銷售而說。這段時間要建立名單，要與人建立關係，準備內容來處理反對意見，訓練潛在買家回來觀看你的內容。更重要的是發布前的準備，並提供客戶想要的東西。

第二，保持你現在的步伐。發布有三階段：推廣階段，你向人們推銷，邀請他們來發布會；接著是銷售階段，你開啟購物車，進行銷售；然後是交付階段，你依自己承諾的方式交付課程。

第三，了解你的數據。回過頭了解你必須吸引多少潛在客戶，簡單來說，你可以只知道平均轉換率是二%，所以如果以此為基準，計算想販售的課程數量再乘以五十，就是在發布過程中要吸引潛在客戶的數量。你需要知道數據，因為如果不知道，就無法達成目標。

◆事後檢討，幫助下一次發布會順利進行

檢視發布會的成果，你就會明白未來的發布會中，哪些有用、哪些沒有用。不管你認為這次發布是成功或失敗，了解這次發布會都對未來有幫助。

課程在前幾天只賣出三分之一、中期賣出三分之一、後期賣出三分之一，是很常見的狀況。但是對我來說，第三天通常比較安靜。

記住二%的轉換率是網路世界的產業標準，每一百人中有兩人，十萬人的二%就是兩千人，問題只在受眾。所以記得分析資料，以了解發布和生意的情況。如果你的發布會很成功，原因為何？哪些進行順利，你如何用以提高銷售？如果你發現事情不順利，深入探討理解原因，能否在發布前做好完整準備，在臉書挑戰或網路研討會上說明關鍵訊息？是否適當解釋你的課程將帶來的核心前提和轉變？是否適當**銷售**課程，並清楚說明你的內容和定價？

最後我只想說，你想做的事沒有任何限制；極成功的行銷人員每個月在臉書廣告或其他行銷上花費數千美元。我喜歡二〇一八年網路行銷人員珍娜・庫奇（Jenna Kutcher）的一篇部落格文章，她表示每天在電子郵件清單都會增加五千個訂閱者，聽來很不可思議吧？她也說一個月在臉書廣告上花費五十萬美元，卻能帶來三百萬美元的收入。

我喜歡這個故事，因為很鼓舞人心，讓我看到我們也有可能，但是正如你所見，網路上光鮮亮麗的數字是因為有人在廣告上花了很多錢。所以好消息是，你不必因為剛進入網路世界，或是沒有觀眾，就感覺受限，也可以利用網路廣告的力量。然而不是每個人在創業時都有預算買廣告，所以你可以利用自然的方法，例如透過臉書、Clubhouse或YouTube建立受眾，正如第七章所討論。

不過關於廣告，要提出警告的是：隨著數位廣告需求的增加、演算法或技術的改變，這個方法可能會遭遇一些困難，記住要查看資料，保持敏捷，必要時調整方向。我知道這可能令人生畏，我在報價和銷售時也曾遇到困難，但是你賣得越多就越容易。

◆調查受眾到底在哪裡

有句話說：「別猜，開口問！」這句話很準確，除非開口詢問，否則你不知道什麼有效、什麼

檢討你的發布會

整體發布清單（免費禮物報名者／挑戰報名者）

挑戰報名：_ _ _ _ _ _ _ _（報名臉書挑戰並和你一起完成這段經歷的人）

買家總數：_ _ _ _ _ _ _ _（買家總數量）

總銷售額：_ _ _ _ _ _ _ _

總轉換率：_ _ _ _ _ _ _ _ %
（數字＝總買家數／總挑戰人數。臉書挑戰的理想轉換率是2%）

每位潛在客戶收入（Earnings per Lead, EPL）：_ _ _ _ _ _ _ _ 元
（數字＝總銷售額／挑戰人數）

發布總支出：_ _ _ _ _ _ _ _ 元（虛擬助理、圖表、臉書廣告等支出）

總發布利潤：_ _ _ _ _ _ _ _ 元（扣除支出後的餘額）

總現金收入：_ _ _ _ _ _ _ _ 元（全額買家支付總額）

預期現金總額：_ _ _ _ _ _ _ _ 元（預期從付款方案購買的人獲得的現金）

研究你的銷售頁面

銷售頁面獨立訪客數量：_ _ _ _ _ _ _ _（造訪頁面人數）

銷售頁面轉換率：_ _ _ _ _ _ _ _ %
（數字＝買家數／銷售頁獨立訪客數）

大師課程指標

報名人數：________（報名挑戰總人數）

出席人數：________（實際出席的總人數）

出席率：________%（報名人數／出席人數，理想為30%）

轉換率：________%（銷售人數／出席人數，理想為10%）

停留聆聽簡報人數：________（持續留下來聽簡報的人數）

簡報出席者轉化率：________%（買家人數／出席簡報人數）

你的電子郵件轉換率如何？

銷售第一天：________占總銷售額百分比________

銷售第二天：________占總銷售額百分比________

銷售第三天：________占總銷售額百分比________

銷售第四天：________占總銷售額百分比________

銷售第五天：________占總銷售額百分比________

無效，了解誰是你的受眾，可以幫助你改善下次的發布會。

詢問買家的問題

- 你為什麼**同意**購買這門課程？
- 考慮詢問一些人口統計資料，更了解你的買家。
- 你的課程正為他們解決的當前問題。

你可以在臉書社團、WhatsApp 社群、電子郵件發問，或用 SurveyMonkey、Typeform 這類問卷網站提問，過要考慮答案是否保密。

詢問非買家的問題

你可以用 SurveyMonkey 或 Typeform 這類軟體，將問卷寄給非買家。這些資料彌足珍貴，因為能讓你了解受眾是誰、他們是否適合你。同時，你也會知道是什麼阻礙他們——時間、金錢或不適合的內容。如果你想，可以直接詢問：「你為什麼不買？」問太多問題，可能不會得到太多結果，如果真的想要人們填完問卷，可以提供十英鎊的亞馬遜禮券當作回饋。

使用這些結果來處理下次發布會的任何問題。記住，你要建立一套不斷重複的系統。

◆降價銷售

在客戶拒絕你試圖銷售的課程時，可以提出「降價銷售」，你可以銷售類似的低價課程或數位產品。降價銷售有助於增加此次發布的整體利潤，為事業帶來更多現金。

降價銷售的課程可以是更初階或入門課程，他們就能先從這門課開始學習，之後再購買其他課程；或是你可以提供直播培訓或工作坊。下一章會詳細介紹降價銷售和迷你課程。

◆創造可重複使用的發布系統

建立發布過程時，就建構你的成功藍圖，創造一套可以重複使用的發布系統，或是創造可以自動化銷售的系統，也將在下一章介紹。但在測試發布過程前，自動化系統是沒有意義的。

你正在建立的系統，可以為事業創造財富。每次發布時，使用同樣的策略，每次發布時修改調整的元素越少越好，如此就能從資料中知道它是否有效。

使用你的系統，就能重複使用你的社群媒體貼文、銷售頁面、電子郵件和網路研討會。使用這些資料，你會知道網路研討會是否帶來轉換，或是銷售頁面是否需要調整。發布時做一些微小的增量改變，可以確認需要調整什麼來增加轉換率。

當轉換率高於一%時，創造財富的機會就會明顯改變。

◆慶祝成功，觸發快樂的荷爾蒙

身為課程製作者和小企業主，我知道完成一次發布會後，就會很容易直接進入下一次發布會、計畫或「事情」，但是也有很多理由慶祝一下！

不管發布結果如何，紀念這一刻，並慶祝你的努力和成功，都是有必要的。即使沒有得到想要的結果，也要慶祝你的成就，享受獲得新見解的事實；你改善過程，為下一次創造珍貴的經驗。

發布會是很棘手的，會有高潮和低谷，有些發布會能成功，有些則會失敗。失敗不是放棄的理由，而是推動你前進的動力。在你慶祝成功時，大腦會釋放快樂的荷爾蒙，包括多巴胺和腦內啡。多巴胺是一種獎勵的化學物質，在你經歷愉悅或預期愉悅時會被觸發，所以如果你在慶祝發布成功，下一次就更能享受旅程，這也會影響未來發布的表現；腦內啡是身體的天然止痛藥，幫助我們面對困難的事，如果你慶祝微小的勝利，就是在培訓大腦在每次成功時重複這種行為。

另一方面，如果你不慶祝，就是在培訓大腦把成功視為沒有必要，如果我們認為這件事不重要，就可能會缺乏動力。

《幸運兒》作者，八位數網路企業家杜菲爾德－湯瑪斯表示，照顧自己很重要：

我認為這真的很重要，尤其是正在發布時，發布會後預約一套自我照護的療程，人們常常忘記這麼做。

你必須預約一次按摩或這類東西，因為發布會真的需要全力以赴。所以我什麼都會做，會找靈氣老師和運動教練、吃維他命、預約一次按摩。在早期，舉辦發布會要處理所有的資金問題，你會對花錢感到罪惡，但是為了發布會保持精力真的很重要。

所以計劃一頓慶祝午餐或SPA療程，我會上靈氣課程，幫助恢復在大型發布會後耗盡的能量。基於同樣的原因，我也會去針灸，然後和丈夫外出吃午餐，他也積極參與發布的過程。恢復精力後，我就會有更好的空間思考：

- 哪些部分進展順利？
- 下一次要調整什麼？

• 我從自己和團隊中學到什麼？

做得好！你已經看完第十章，現在有機會舉辦第一場萬元發布會。它可能雜亂無章，可能不完美，但你已經學會發布所需的一切，我的積極想法和鼓勵會一路跟隨著你，請讓我知道你的進展如何，我很想聽聽，你一定能做到！

第十一章
反覆行銷，讓課程一賣再賣

◇◆◇

你為什麼會閱讀本書？雖然我想說你是為了我優雅的文筆和機智，但我想你是因為想要能夠邊睡覺邊賺錢。所以請注意，如果你想創造經常性收入，日復一日，本章就是你火箭的燃料，真的很重要。

你用知識和專業打造一個數位產品，製作課程，當你可以一遍遍銷售課程時，就能得到財務的安全與穩定，獲得渴望的自由和生活方式，這是讓你能夠旅行、陪伴家人及追求熱情的燃料。

重複銷售或「常設」銷售模式，便是將銷售模式自動化，讓你時時刻刻都能銷售數位產品。親愛的朋友，這就是被動收入！是你能邊睡覺邊賺錢的黃金入場券！你可以打造一台銷售機器，駕馭YouTube、臉書或抖音的力量，銷售低成本產品，也可以每天舉辦網路研討會來推銷高價產品和服務。

常設法在銷售迷你課程時非常有效，也可用來銷售招牌產品（但你還是需要舉辦網路研討會銷售課程）。在本章會更深入常設模式，但先回顧一下你的發布會。首次發布後到下一次發布前，重新定義和調整行銷計畫至關重要。

正如在前一章討論的，你可以用同一套行銷策略，在幾個月後一次次舉辦發布會；或是可以用混合模式，一年舉辦幾次發布會，但是經常性銷售你的課程，或者你可以只是銷售，永遠不再舉辦發布會。你必須決定什麼最適合自己。

記住，有時候我們會在沒有分析數據時，用情緒判斷發布會的成敗，所以做第十章中提到的發布會檢討是很重要的。我知道看數據可能很乏味、不「好玩」，但有趣的部分在於，知道你的事業比一開始想像得更有利可圖，而且距離財務自由又更進一步。所以專注於你的夢想，盯緊那些數據！你可以比較自己和網路上知名網紅的發布會，藉此知道自己的發布會為什麼不能賺到數百萬。

切記，大多數創業家也只能將課程成功銷售給二%的受眾，他們透過發布創造可觀的金額收入，也可能有相當大的支出。所以當人們在社群媒體上討論發布的收入，賺了多少錢，通常不得不在臉書廣告或ＩＧ廣告上花錢，好幫助他們成功觸及受眾，要記住他們也是從小規模開始的。

◆反覆發布你的課程

在第十章曾討論發布的過程，只要你創造發布的藍圖，就可以用同樣的方法在未來幾個月再次發布。你可以決定一年發布三、四次，如果你是外向的人，喜歡發布的興奮感，重複發布尤其有效。它很有趣，就像開一場大型派對，你可能喜歡直播臉書挑戰或網路研討會帶來的腎上腺素激增，也喜歡向觀眾推銷，如果這是你喜歡做的事，就應該開始計劃下一次的直播發布！

舉辦發布會，而不是只談銷售的好處在於，它給你一個講述產品的理由。你可能喜歡行銷，想要一年發布幾次，一般說來，發布時的轉換率較高，所以發布會可能是較有利可圖的選擇。

發布通常代表在一週內或每隔幾個月，就能得到可觀的收入，直播發布可能在網路世界引發巨大的宣傳轟動，導師和課程製作者通常會宣傳六位數或七位數的發布會。雖然不可思議，但是你必須記住，這些人經常在臉書廣告上花大錢才能達到收入目標，並挖掘現有受眾，也就是自然流量，永遠記住發布背後的數據資料。

發布時要全力投入，你可能在完成一次課程或計畫的發布後，就必須開始教授課程，然後再開始準備下一次發布。我曾為招牌課程一年舉辦四次發布，一月、四月、六月和九月各一次。

為人父母的我知道自己想有更多時間陪伴兒子，所以已經不再做高強度的發布會。我也是內向的人，覺得直播發布會讓自己耗盡精力，需要很多時間才能恢復。我決定將事業轉向「混合」模式，高單價課程以常設或模式全年販售，但一年還是會舉辦一次發布（有時候兩次）。注意：我的迷你課程全年無休地自動販售，而且從第一次發布後就不再辦發布會。我們很快就會詳細討論迷你課程的銷售。

你可能會得出結論，一年只想舉辦一、兩次發布，然後以常設型漏斗運作。但是我建議你在第一次銷售產品時，經歷一遍直播發布的過程。

以下是混合模式的行事曆範例，你不必在確切的時間舉辦發布，只要選擇適合你、家人和自己事業的方式！

八位數網路企業家暨金錢心態專家杜菲爾德—湯瑪斯，分享多次舉辦發布會的故事，以及她如何在事業中創造財富。

大約三年前，我決定簡化生意。從二〇一二年來，我一直在經營「理財探索營」，我們以多種方式進行；那時候我舉辦發布會，還有幾次直播。

生第一個孩子時，我心裡想著：真的不能再做這些直播了。我想這就是被動收入

<table>
<tr><td rowspan="4">你的發布日曆</td><td>1月
發表</td><td>2月</td><td>3月</td><td rowspan="4">持續的網路研討會推廣

利用臉書廣告或YouTube廣告，二十四小時推銷網路研討會報名頁面。

持續以高品質內容向名單成員行銷課程的價值，這樣他們準備好就會購買。</td></tr>
<tr><td>4月</td><td>5月</td><td>6月</td></tr>
<tr><td>7月</td><td>8月</td><td>9月
發表</td></tr>
<tr><td>10月</td><td>11月
黑色星期五促銷</td><td>12月</td></tr>
</table>

可以發揮作用的地方，因為我意識到人們只有在需要時才有需求，而不是在我有精力教導時，因此將它做成常設計畫。

我對丈夫（他也是我們的行銷經理）說，我們一年做一場就好，看看會不會影響銷售，如果有影響，再舉辦發布會。然而我只想簡化客戶服務與技術，讓一切變得簡單，我不認為處理這件事的方式要分什麼對錯。

我們在一月舉辦一場大型發布會，為當年做好準備，因為我們從付款方案中獲得資金。我不再每隔幾個月就舉辦一場大型發布會，因為課程持續八週，包含一週的介紹和一週的收尾，所以即使一年只舉辦四場，還要準備發布週期，所以會有發布前的事，然後再進入銷售模型，要交付服務，再來是收尾模式。

我覺得像是經歷懷孕的每個孕期，持續一年，現在像在分娩階段，因為發布而筋疲力竭。丈夫馬克會說：我需要妳製作這些發布前的影片，因為他已經進入下一次或下下次的發布前準備。我會說：等等，我正在餵剛出生的寶寶。

所以一年四場發布會，真的讓人精疲力盡，這太可怕了，我憎恨人們，因為必須提供他們內容。我心想：「你們不能全都走開嗎？不能讓我一個人靜靜嗎？」但是不行，因為剛賣出這樣神奇的東西，所以必須提供內容。所以我決定了，我們再也不會那樣做，只在一月舉辦一場大型發布會，之後就不再做發布會相關的事，可以專注於每月會議。

我也發現，人們會在毫不質疑的情況下，就接受計畫的形式，他們說：「這是一個六週的直播計畫。」

我意識到，對吸收你作品的人而言，這是非常專制的時間表，完全是武斷的。人們來上一門課，他們需要執行、吸收，在接下來幾個月讓它成為他們新常態的一部分，然後才能準備好做其他事。

在此之前，我試著連續六週，每週塞進三堂不同的課程，人們覺得會無法跟上。我會說，沒什麼要跟上的，但是我創造這個人工的節奏，因此才會出現「落後」的想法。現在每天都有人加入，我發現他們需要一段時間吸收一堂關鍵課程，而且每個人需要的時間都不一樣。

所以現在我建立一套計畫，人們可以隨時加入，從中學習，因為這只是另一種看待金錢的心態，沒有什麼順序或進程，我不再強加那種武斷的時間表，而且效果很好。

◆課程不會自動賣出

多數人製作課程後會想著，它能神奇地自我銷售。可悲的是，沒有課程仙女，人們不會因為你製作課程就購買。它在你的網站上，不代表每天都有一堆人會爭先恐後地查看你的課程。

我知道這很無聊，覺得自己就像嘮叨的母親，試著讓六歲孩子穿鞋上學，但是儘管被動收入看似「被動」，你還是需要做點功課。

你在製作課程後的任務，是為生意吸引穩定的潛在客戶，如此才能一再銷售。那些潛在客戶只是一般人，正在努力克服你的課程想解決的痛點，你只要確定有穩定的人流購買課程。很簡單，那就是你的受眾。

本章其餘部分將討論如何利用受眾進行銷售，在你可能大叫：「但我沒有受眾……」，那正是我們要討論的事。別驚慌，我一開始銷售課程時，一週工作三個上午，同時忙著照顧幼兒，趕去將他放在托兒所，然後就有珍貴的三小時可以工作。等我處理好客戶，就沒有時間在社群媒體上閒逛。我的受眾很少，也為一直出現在社群媒體上的期待感到疲憊不堪。

我一直討厭自己應該花時間在社群媒體上評論參與（一直覺得時間應該用在更好的事情）。內向的我覺得這實在讓人精疲力盡，但社群媒體就像社交歡迎度競賽，爭取那些更機智、更聰明、更漂亮或剛進入社群媒體的人。我不知道自己要說什麼，也害怕在網路上分享生活。

但是，我希望能豐衣足食，才有錢支付貸款，所以戰勝自己。是時候拋開那些社群媒體恐懼（是的，我仍然恐懼），動手做吧！你也可以走出舒適圈，創造能連結他們、提升轉換率的文案。

在製作課程後，**一直**談論課程是困難的事，所以它可能成為「應該」談論卻慘遭失敗的事。我在觀察別人製作課程時，最大的錯誤是在電子郵件中談論、寫幾篇社群媒體貼文，然後就消失了，它束之高閣，就此蒙塵。他們不再討論，預期人們會自己到網站上找到，並且神奇地買下。我們都知道人們不會那麼做，所以它賣不出去，然後人們會放棄，去一找份工作，回到舊有的工作方式。

如果你也是那樣，請停下來，記住：還有另一種方式。你不必困在無休止的工作中，可以創造適合自己的人生，你的課程不是沒人想買的災難，只是需要銷售機器來重複銷售。

◆善用各種平台的力量銷售課程

如果你想用線上課程邊睡覺邊賺錢，無論是高價的招牌課程或低價的迷你課程，都必須擁有受眾。好消息是銷售課程有許多不同的方式，我們將討論其中幾種。

無論你是在社群媒體上吸引目光，或是付錢購買廣告，都是在聚集人氣，讓他們點擊瀏覽你的銷售頁面，最終購買你的產品。

YouTube

在我能負擔臉書廣告前，必須尋找其他方法建立受眾，所以把重點放在YouTube。如你所知，YouTube歸Google所有，有強大的搜尋功能，你只要能呼應理想客戶輸入Google的問題。我看到如珀金斯等人的巨大成功，所以知道它是可能的，只要堅持上傳YouTube影片。兩年過去了，我的寶寶頻道還是很小，但是每個月都在持續成長，我也在YouTube上出售課程。

我是怎麼做的？我建立和自己事業相關的內容，利用Google的力量找到理想客戶有興趣的主題，然後利用相關的關鍵字製作那個主題的影片。如果你像我一樣健忘，可以回頭看看第七章珀金斯的案例會有更詳細說明。

在錄製影片時，我一定會提到和影片相關的免費內容（注意：沒有人會下載和你所說內容無關的免費內容），因此人們會下載，可能是一個測驗，可能是一個PDF檔，例如「九個智慧被動收入想法」，或是我的「YouTube檢核清單」，只要他們加入我的電子郵件清單來獲得詳細訊息後，我就會寄發感謝信，邀請他們觀看網路研討會。我的網路研討會正在銷售一門價格高達兩百九十七美元的課程。

我在YouTube沒有太大的影響力，只是一個小企業主，不過電子郵件清單還是已經累積上千人，也賣出數千美元的課程。我所做的只是用本書曾討論的銷售頁面，建立自動化流程，邀請人們觀看網路研討會，它沒有高深的技術，但是的確有效，這代表你也可以邊睡覺邊賺錢。

Pinterest

早期我還在工作與小孩蠟燭兩頭燒時，不知道自己在做什麼，但是我喜歡寫作、寫部落格，所以開始在網站上這麼做，也在Pinterest分享。

內向的我比起在社群媒體上發文或評論，更喜歡寫部落格，那是我的線上日記，用來分享創業故事，同時建立受眾。

我喜歡寫部落格，每週都會寫兩篇文章，部落格文章也會同時發布到Pinterest。堅持寫部落格和在Pinterest上分享，讓我一個月獲得一百三十萬讀者。人們在Pinterest上瀏覽，看到我好看的釘圖，然後增加到圖板上，他們可能會點擊連結去閱讀文章，這也將他們帶到我的網站。

藉由將流量帶入我的網站，他們會在網站上看到一個「彈出式視窗」，邀請他們獲得免費內容或參加測驗。這和我在YouTube頻道上用的測驗或免費內容一樣，都可以讓人來觀看網路研討會與購買我的課程，只要放一個Pinterest的釘圖。這種方法的好處在於，可以利用像Tailwind這樣的軟體來重複使用你的釘圖。

Google

你有疑惑時會問誰？你有問題時會去哪裡？世界上有九五%的人會用Google。想想你在Google上的使用者體驗，你會點擊廣告，還是看排名的內容？如果你像我一樣，就會跳過廣告，直接看內容。

所以你在Google搜尋引擎上的排名到底如何？好消息是你不需要是具有規模的品牌，也不需要有龐大預算，只需了解如何使用Google搜尋引擎。

你可以駕馭Google搜尋的力量，**免費**銷售你的課程，搜尋引擎最佳化可以最佳化你在Google搜尋引擎的自然排名，許多課程製作者都會錯過這一點。

The SEO Upcycler的搜尋引擎最佳化專家馬里昂·李貝特（Marion Leadbetter），**解釋如何能免費在Google上被人找到。**

以下是用來讓流量倍增、**免費**售出搜尋引擎最佳化課程的三個步驟。

雖然我們教導搜尋引擎最佳化，但我想分享的是，這不是複雜的搜尋引擎最佳化策略，不必有太深入的搜尋引擎最佳化知識。這些步驟適合每個人，所以我是搜尋引擎最佳化策略師，但是我們用來銷售課程的步驟也適合你！

三步驟流程

一、找到你的「給我」關鍵字。

二、創造能讓他們意識到你的課程就是解答的內容。

三、讓Google上有絕佳的使用者經驗。

我們的課程都是關於學習搜尋引擎最佳化的基本知識，分享增加網站流量和銷售額的策略。因此要做的第一件事是決定「給我」關鍵字，這個關鍵字不只能在搜尋引擎中排名，和我們的課程有關，也能推動銷售，關鍵字也能讓目標客戶想要我們的課程。

我們需要幾乎可以保證勝利的關鍵字，所以使用關鍵字搜尋工具，找到搜尋量夠大又競爭不太激烈的關鍵字，才能快速提升內容的排名。我們要確保關鍵字和課程裡教導的主題有關，並且這些關鍵字讓我們能回答痛點，讓他們想要更多資訊。

然後，我們開始根據找到的關鍵字建立部落格內容，在一個月會發布兩篇部落格文章，每篇都針對一個特定的關鍵句，例如「如何找到關鍵字」，然後撰寫一篇詳細文章回答那個主題的部分痛點（但不能全部回答）。

我們的內容要足以幫助他們，又讓他們渴望學到更多，這篇文章會讓他們有所收穫，也讓他們知道可以取得更大的勝利。

我們知道文章需要數個月才能得到排名，所以要在課程發布前幾個月就寫好並發布，再加上定期的號召行動，請他們加入我們的課程通知名單，下載免費的檢核清單。

讓我們可以使用Google來擴大電子郵件清單，在課程發布時，可以把登陸頁面上「加入通知名單」轉到銷售頁面，這就是銷售漏斗的第一部分。

這使得名單增加四千七百四十七人，讓我們能從部落格文章直接銷售，也讓網站流量在發布會前增加約二〇〇%。

然而關鍵字和內容不是唯一需要關注的事，為了確保部落格文章在Google上的排名，還需要確認它符合Google的排名因素，即符合Google對使用者經驗的各項要求：

- 文章必須寫得好，回答搜尋者正在尋找的關鍵問題。
- 必須有內部連結，能快速通往網站上其他文章和頁面。
- 必須有外部連結，通往權威頁面，顯示我們願意分享其他有助於搜尋者的產業網站。
- 需要有標題和小段落，確保易於閱讀，圖片與影片都有利於搜尋者，增加內容提供的整體價值。

我們用這三步驟增加網站流量，擴大電子郵件名單，也在發布時賣出搜尋引擎最佳化課程。你可以複製這個策略，讓它為你所用。找到關鍵字，創造最佳化的內容，盡可能提供最好的使用者經驗。然後你的網站就可以將流量導向銷售頁面，擴大電子郵件清單，讓你邊睡覺邊賺錢！

臉書

我一開始使用臉書時，沒有預算用廣告建立受眾，所以採取自然培養流量，我建立「自信上鏡」課程，也以專家身分出現在其他創業家社團裡。

臉書上有許多創業商業社團（無論你的領域是什麼，都有很多社團），所以建議你加入這些社團，提供你的價值。如果有人提出我專業領域的疑問，我會回答問題，並展開對話，我在對話中會提供價值，詢問他們是否想要更深入的資訊，這就是建立連結的機會。或許你可以發送訊息給他們，做進一步的聯繫；或許可以留下免費內容的連結。雖然緩慢，但是一定能建立你的電子郵件清單。

一些課程製作者使用臉書的個人頁面銷售，建立吸引人的內容，訴說你的生活、課程和事業。藉由每天的貼文，你可以在個人塗鴉牆上建立受眾，但是不能「銷售」，否則會受到臉書處罰，還是要讓個人頁面保持輕鬆愉快。

有時候其他會員建立者會尋找專家提供訓練，我也會提供自己的服務，曾為三十多名創業者、美甲師或會計提供自信上鏡的訓練，分享在鏡頭前擁有自信的祕訣。我製作三十分鐘的訓練簡報，然後向會員提供課程的特殊「折扣」，也利用這些關係，讓這些粉絲數比我還多的人成為合作夥伴，代表我銷售課程（我們再分潤，這樣就雙贏了）。

你也可以建立臉書社團，用來培養受眾。我的臉書社團有超過五千名成員，我試圖創造溫暖、吸引人的環境，每天會在社團發文兩次：一篇是能產生討論的文章，可以刺激演算法，好讓人們看到我在臉書的內容；另一篇則是教育性的文章。

你在這裡可以真正**銷售**課程！這是分享見解、學習和知識的機會，人們提出問題，你回答，然後再留下免費內容或課程的連結。

Sensational Creations的妮基．奧沃斯（Nikki Owers）開設藝術工作室，幫助神經多樣性（和神經典型者）的孩子，透過藝術與創造力發展閱讀和寫作能力。新冠疫情蔓延時，她不得不關閉藝術工作室，建立線上課程，向全球受眾行銷服務。

疫情封城對我的實體業務造成毀滅性影響，我不得不關閉工作室，想辦法轉型。我加入格里菲斯的「我的課程學院」，學習製作線上課程。

我經常逛臉書，所以用臉書的商業頁面進行市場調查，了解我的受眾到底在尋找什麼，以及他們希望如何呈現。我利用問卷附帶的免費抽獎來提升參與度，接著再分析結果，並依此製作課程。

一開始，我用臉書粉絲專頁來發布和推廣課程，這表示我不需要行銷成本就能銷售課程，後來又在其他平台和臉書廣告投入一些行銷預算。我也發展品牌大使網絡，在線上推廣業務與課程。

IG

ＩＧ不再是照片分享網站，這個平台已經將重心轉向娛樂、影片和購物，所以你也可以用ＩＧ銷售課程！持續創作短影片幫助我建立受眾，跟隨ＩＧ的潮流，藉此作為脫穎而出的方法。

在ＩＧ上使用一系列圖片，可能會讓人瀏覽這些圖片，學習你的內容，然後採取行動！如果你告訴他們點擊說明裡的連結，他們就會這麼做！確認說明中可以輕易找到你的課程。

◆利用公關推廣你的課程

建立受眾的強大方法是利用宣傳的力量，讓線上出版物、新聞和電視為你說話。

我曾為*HuffPost*、*Medium*或*Thrive Global*等高知名度網站撰寫文章，這些網站擁有數百萬瀏覽量，寫一篇部落格文章可以讓上千人注意到你的想法。

通常如果你為線上出版物寫文章，能在文章結尾加入網站連結，它可以是你的網站連結，或是免費內容、測驗，然後銷售你的課程。想像你已經開設一門有關尋找熱愛職業的課程。

你向*HuffPost*、《富比士》（*Forbes*）、*Business Insider*和*Thrive Global*投稿文章，主題是新的工作方式，以及如何找到你熱愛的工作。在每篇文章的末端，可以加入自己的網站連結，使用網址讓人們接受測驗。這個測驗只是你建立的登陸頁面，引導人們進入名為「哪種工作最適合你？」的測驗，有人完成測驗，送出電子郵件地址，然後從這裡轉到一個銷售頁面，邀請他們參加一場三十分鐘的網路研討會；他們觀看網路研討會，然後購買高價課程。

潛在客戶來自線上出版物的文章，你沒有花一毛錢，也沒有在社群媒體上花費時間，只是寫了一篇吸引目光的有力文章。許多人避免為知名出版品寫作，因為害怕會超出他們的能力範圍，但事實上這絕對是可行之道。

娜塔莉・崔斯（Natalie Trice）經營公關學校，幫助企業家取得媒體能見度，分享你要如何利用宣傳銷售課程：

宣傳或公共關係（Public Relations, PR，公關）可以是極其有力的方式，幫助你邊睡覺邊賺錢，我建議你的事業一定要利用。與普遍的看法相反，公關不只是大品牌和名人的事；如果想要讓人知道你、你提供的課程、會員服務與方案，公關就是讓人了解你的方法。

當然，你可以利用網站、部落格及社群媒體和顧客溝通（無論是現有客戶或潛在客戶），但是和他人合作，讓他們講述你的故事、宣傳你有多棒，將會放大你的努力。

想像如果你向記者、網紅或播客介紹課程，而他們喜歡、嘗試並熱愛，會發生什麼事？想像如果他們向受眾談及你和你的課程，這些人也嘗試了，又告訴朋友，就會有更多人看到，就這樣繼續傳播下去。

公關的連鎖反應可能很大，也是你可以做到的。你需要從觀察目標受眾開始，思考或研究他們使用什麼媒體，因為那些管道是你希望被看到的地方，他們才會發現你。

如果你有一堂烘焙課程，或許會想上美食雜誌；如果你教導瑜伽，IG上的網紅或許是你要找的人；如果是在健康領域工作的人，就有一大堆雜誌、新聞和網站可供選擇。

我建議你製作這些地方的願景板，在社群媒體上追蹤它們，然後開始接觸，談論你們要如何合作；也就是推銷！你可以提出在它們臉書社團做一場直播，接受當地報紙的訪談可能會開啟你的成功，你或許有機會在雜誌上發表評論，甚至出現在電視上，去爭取吧！

這些都是公關，都能幫助接觸到需要你和你課程的客戶。我知道這可能會讓人感到害怕，退縮可能讓你感覺安全，但是想像一下，如果你夠勇敢，走出去，在更多地方被更多的人看到，會發生什麼事？

◆公開演講

在網路世界建立關係和信任需要時間，因為你無法像在現實世界中那樣建立即時的親密關係。

公開演講和社交活動是讓你成為專家，建立「知道、喜歡並信任」因素的強大方式。

演講教練舒菈．凱耶（Shola Kaye）將舞台作為一種方式，讓人們加入電子郵件清單，最終能購買產品和服務。當你站在舞台上，可以談論聽眾的痛點，並且提供解決方案，可以邀請他們報名參加免費活動，或是做一個小測驗，進而向他們推銷。她解釋：

公開演講是一種奇妙、而且通常會免費增加受眾的方式。全世界有大量的演講機會，你只需要找出來，從在播客上演說、虛擬高峰會，到特邀演講者的網路會議；你也可以接觸大型臉書社團的管理者，建議他們為受眾做一次直播。我在這裡提到的機會都只是冰山一角。

首先，說服組織者，你將為他們的受眾提供價值，在演講期間，一定要分享登陸頁面的連結，好蒐集電子郵件清單，培養你的新關係。你可能已經有東西要賣，或是可能要繼續培養他們，直到下一次發布。

◆向企業銷售課程

我有一些客戶討厭社群媒體，鄙視炫耀和建立受眾的行為，樂於做自己的事、銷售和訓練企業，在這方面也非常成功。然而疫情讓許多培訓師和顧問意識到，儘管公司培訓是很好的生意，但複製自己，擴大營業規模卻是一大挑戰，有時候他們會培養團隊，但企業客戶經常要「你」這個明星，而不是跟班。

所以你要如何在不複製自己，或讓工作量加倍的情況下，還能擴展事業？這時候即可利用課程，因為你可以銷售「自己」，但不必成為魔術師，同時出現在三個地方。你不是在建立受眾或一群忠誠的買家，而是和人力資源門部及銷售團隊的關鍵利益關係人建立關係，向組織裡的一個人銷售五千門課程。公司或許想將課程放在內部網部，所以你甚至不必託管課程。

潔西卡・洛里梅（Jessica Lorimer）教授小企業主如何向企業銷售。

對許多人來說，向公司內的員工或向公司本身銷售，不是什麼好選擇。多數人創業是因為討厭公司的工作，你也知道他們不喜歡老闆，或是他們曾有可怕的經歷。然而，我也常聽到小企業主表示：我想幫助人；我想帶來影響；我想幫助更多的人，但卻堅持一次幫助一個人。這讓我很困惑，因為一個人幫助一個人，然後可能會對他們的家人、朋友產生連鎖反應。

如果和公司合作舉辦一場介紹性工作坊，大約可以影響二十五到五十個人，如果推斷這些人都有配偶和孩子，突然間，一個工作坊可能影響一百五十人。所以如果要談論影響，小企業主銷售的對象是公司時，將會帶來更多影響。另一方面，英國小企業主對公司組織的平均銷售額為一萬英鎊，對個人的平均銷售額則為一千五百英鎊。

我們向企業銷售時，他們注重的是結果，不是憑直覺購買，他們認識到需要填補的差距，會問：我們想要的轉變是什麼？這個人能為我們的員工和我們帶來這些轉變嗎？過去十到二十年裡，企業界越來越注重員工參與度及福利，因此我們不只是在人力資源部、業務部或行銷部銷售。公司也會投資能對員工、員工的生活工作平衡，以及個人發展產生更好影響的事物，例如營養師、女性健康、生育、更年期領域的從業者，對企業的銷售額都達到六位數。

如果你向企業銷售服務或課程，只要解決他們想解決的問題，這個方法就有效。身為企業主，你知道哪種服務方式最有效（課程、會員計畫或網路研討會）。有人向世界各地的企業公司銷售課程，希望他們的課程由公司翻譯並支付費用，好提供成千上萬的員工可以使用這門課程。

不同的是，你不必辦一場大型發布會，不用找到一大群人，希望他們都會下單。取而代之的是，你要尋找利益關係人，告訴他們：「你似乎有一個問題，解決這個問題最好的方式就是透過一門課程，能幫助八五％到九五％的員工發生改變，讓他們更容易執行，讓公司得到想要的結果。」

◆郵件行銷已死？

我經常聽到這句話：「電子郵件行銷已死！」

我們生活在一個資訊爆炸、被電子郵件轟炸的時代，但它仍是銷售商品最有效的方式之一。行銷人員使用電子郵件行銷已經有二十年，表達的方式和內容雖然有所演進，但郵件行銷仍然存在。根據Campaign Monitor調查，全球有三十億電子郵件用戶，有些人可能不喜歡電子郵件，但它仍是和受眾溝通的必要工具。

寄信到某人的收件匣，能和他們產生個人層面的聯繫。用適合的方式和他們交談，小心不要用郵件轟炸，不然他們就會歸為垃圾郵件；相反地，要培養你的電子郵件受眾，他們會回應你，將你視為專家，所以分享你的見解和價值，提供吸引人的內容，讓他們覺得你是這個領域的領導者。

但是也要充滿人性和誠實，分享你的愉悅與熱情，還有你的努力。我寄電子郵件給受眾時，會告知自己確診新冠肺炎的經驗，許多人祝我早日康復；我寫出在全球新冠疫情，經營民宿事業的困難時，也獲得一大堆回覆。

我創造真實而原始的聯繫，人們關心我。對購買你產品的人而言，他們想將你視為專家，但也想和你建立情感上的聯繫。寫下吸引人又發自內心的電子郵件，有助於建立這些聯繫。

人們做出購買的決定，是因為他們喜歡某人，「想要」他們擁有的東西，而不是他們「應該」有的。我應該重讀莎士比亞的《第十二夜》（*Twelfth Night*），但我真的會讀嗎？不太可能。

關注人們想要的，持續寫信給你的受眾是必要的，我試著一週寫一到兩封，發布時會更頻繁。我會分享創業的訣竅和策略，也會提供培訓與免費的引導冥想。我經常寫兒子和他對曳引機的熱愛（以及撫養小傢伙時，經營事業的樂趣與挑戰），人們會從世界各地寄曳引機和玩具給他。如果我為某件事掙扎（居家教導兒子、體重增加，或是試圖用撰寫本書避免拖延症），也會在信中訴說。你越真誠，越多人會和你產生共鳴。你不必完美，做自己就好。

> 電子郵件若精心製作，力量難以形容。在網路世界工作時，文案很重要（還有轉換率）。
>
> 經營文案代理公司 Moxie Copywriting 的艾妮卡·沃特金斯（Anika Watkins）建議：

想將任何線上課程的利潤及成功最大化，最有效又最具成本效益的方式，就是有正確的電子郵件順序。把電子郵件自動化想像成一台不停歇的銷售機器，用自動模式銷售你的課程，從發布、提醒購物車結帳，到歡迎信件、培養關係信件。這一切是為了更聰明地工作，不是更辛苦地工作。

所以怎樣才能寫出引人注目、吸引注意力的電子郵件，讓讀者願意點擊、閱讀並購買？寫郵件沒有完美的科學依據，但以下提供一些成功的關鍵要素：

一、創造值得點擊的主題

我們都在收件匣看過這種郵件，看到主旨就忍不住點開，即使你知道它或許只是行銷郵件，但就是點開了。祕訣是什麼？使用激發興趣的策略，讓讀者想要知道更多。

以下有幾個經典方法和案例可以嘗試：

（一）好奇法

我再也不會這麼做了……

〔人名〕，你不會相信

我能告訴你一個小祕密嗎？

（二）友誼法

還好嗎？

你過得怎麼樣？

看看這些……

（三）震驚法

不要打開這封郵件（這是我最愛的一種）

夠了，我不幹了。

停下你手邊的事，看看這個。

二、創造品牌聲量和真實性

沒有什麼比從範本中複製貼上，拼成一封聽來很常見的郵件更糟糕。人們會向認識、喜歡和信任的人購買東西，郵件也不例外。如果你的文案讓人覺得不真誠，大家看得出來，你的銷售額也會下降。

找出你性格中兩、三種核心特質，確認所寫的一切都符合這個風格。你古怪、機智、友善嗎？郵件要保持簡潔有力。或許你比較嚴肅、專業和有權威？就以簡單直接、大量資訊但容易閱讀的文案為主。

三、做出遊戲計畫

有句話說：沒有計畫，就準備失敗。雖然你可以很想馬上開始寫作，還是暫停一下，制定一個遊戲計畫。你有多少階段要寫？每個階段需要幾封郵件？你要測試幾個主旨？如果通往最終目的地的路線清晰時，寫一封有效的電子郵件就會容易許多。

◆藉由聯盟行銷宣傳課程

你可以透過讓其他品牌和企業為自己銷售課程，創造額外的收入來源，這稱為「聯盟行銷」（affiliate marketing）。在聯盟計畫中，其他網紅或品牌有專屬的連結，在他們的社群中行銷你的課程，你也可以得到一定比例的收入。

雙方要事先協調好聯盟的分潤金額，可能從三〇％到五〇％不等，你也要提供圖表、促銷支援和行銷計畫，幫助夥伴成功發布。

事業找到夥伴，就會增加你的獲利，因為可以讓訊息擴散和課程的談論度倍增。當其他人談到你的課程時，會增加課程的分量和可信度，也為課程增加潛在買家。

網站CreateYourAffiliateProgram.com的凱莉·莫里森（Kelly Morrison）和網路企業主合作，幫助他們成功發布線上課程和產品。

如果你第一次做聯盟計畫（Affiliate Program），讓我分享一下它到底是什麼：聯盟計畫是你為了確保夥伴能獲得很好的照顧！包括所有技術設置、電子郵件溝通及相關用戶引導培訓等，都是運作成功又能獲利的聯盟計畫需要的。

為了讓你知道聯盟合作的力量，我再分享和客戶拉拉合作的故事。拉拉每年推出兩次價值三百四十七美元的課程，她第一次課程發布和聯盟合作，我聯繫一小群已經上過拉拉線上課程的女性，看看她們是否願意成為夥伴。結果有八位女性同意加入（人數很少，但是你會看到小兵也能立大功！），只要有賣出，每個人都能拿到五〇%的佣金。

夥伴同意參與後，我寄送聯盟計畫的用戶引導流程，包含提供每個人的專屬連結和推廣資料，確保她們擁有成功推廣拉拉課程所需的一切。

結果呢？在七天內，八位夥伴帶來十七位新的買家購買課程！十七筆新交易＝五千八百九十九美元銷售額。拉拉在新課程銷售賺得兩千九百四十九美元。夥伴總共獲得兩千九百四十九美元（五〇%的佣金）。

我為拉拉安排的聯盟計畫，對參與者都來說都是雙贏：拉拉贏了，在這次發布只透過幾位夥伴，就在課程銷售幾乎多賺三千美元；夥伴也贏了，賺得近三千美元；對於即將體驗到計畫帶來轉變的女性而言，也是一場勝利。

課程銷售額外增加三千美元，對你的事業意味著什麼？

讓我們想像一下，你非常喜歡本書，想在社群媒體上告訴每個人。每次談論時，只要你附上亞馬遜的聯盟連結，就可以多賺幾毛錢，只要有人透過你的連結點選，就能賺到一小筆錢。如果你決定用亞馬遜的連結討論最喜歡的設備和其他書籍，這些錢也會隨著時間增加。

一旦在網路世界建立受眾，就能銷售你的數位課程和產品，**也**能銷售其他人的課程和產品。這是一個低壓力的方式，透過聯盟連結行銷他人的產品，即可為你的事業帶來額外收入。線上課程製作者會協商三〇%到五〇%的佣金，表示每次你提及他們的發布時，就能賺到數千美元。

舉例來說，人們談論我的課程和會員資格時都能賺取佣金。在開始創業時，這是賺取額外收入的珍貴方式，但是實際上無須長期做任何事，你只要推薦產品／課程／服務，如果有人透過你的連結購買，就能從中分一杯羹。

一些例子包括設計範本的Canva.com，或是能自動化或組織業務的軟體，如Asana或ClickUp。像Awin、ClickBank、CJ Affiliate或ShareASale等公司，只管理聯盟合作關係，你可以搜索它們曾合作的上百家公司，找到想推廣的業務。我建議談論你使用並熱愛的產品，這樣比較真實，如果聊的是自己喜歡的東西，會對它充滿熱情。

我曾參與網路世界中幾個重要網紅的發布會，幫助發展事業，我也加入他們高價的聯盟計畫。需要注意的是，我**只**加入對自己有幫助，能改變生活、事業，並且符合事業宗旨的產品，例如羅賓斯、沃克或史圖・麥拉倫（Stu McLaren）。如此一來，我可以發自內心地寫電子郵件，對這種體驗及它如何改變生活都充滿熱情。如果不真實，就不適合我的業務，我建議你也採用相同的規則。

企業會有一個團隊，希望幫助你銷售它們的課程和計畫，會提供你行銷資料，例如電子郵件素材庫、社群媒體文案及圖片，甚至會給予廣告的建議和範本。

談論數位產品，每個月可為你的事業增加數千美元獲利，而且非常容易！

網站CreateYourAffiliateProgram.com的莫里森，分享為事業增加額外收入來源的幾個訣竅：

身為企業主，擁有聯盟收入來源絕對是雙贏局面。分享產品計畫或服務的報名連結與知識，就能賺取額外的金錢，你的社群也因為了解好產品或服務而受益。

為你的企業增加聯盟收入來源是一個好主意，原因有三：

- 從事聯盟行銷的間接成本為零，你只要付出時間，就能帶來聯盟行銷收入。（老實說，也不需要很多時間！）
- 和你的社群分享聯盟連結很容易，你可以用超級真實的方式推廣聯盟連結，不會顯得廉價或強行推銷。
- 你可以準確決定想加入哪些公司，要如何和你的社群分享。

（注意：即使你沒有自己的事業，也可以從事聯盟行銷！如果你沒有線上事業，還是可以為你使用又喜歡的產品推廣聯盟連結。）

如何展開聯盟行銷？

一、決定你要和什麼產品／服務聯盟。

要成功進行聯盟行銷，你不必有大量追蹤者、電子郵件清單或社群媒體粉絲，只要有幾個你相信的產品／服務，並渴望藉由和社群分享而得到額外收入。

二、開始分享你的聯盟連結！

一旦你決定要加入的聯盟計畫，就可以開始分享連結。

- 在社群媒體上分享：我會在參與的臉書社團中分享連結。舉例來說，如果有人問：「你推薦哪個課程平台？」我會插話分享說：「我喜歡的平台是MemberVault™，因為（我喜歡該平台且和這篇貼文有關的特定原因），你可以看看這個連結……」
- 在電子報中分享：如果你每週或每月發送電子報給社群，分享特定資源時，記得附上聯盟連結。
- 分享在網站的資源頁面上：你的理想客戶能從哪些特定計畫或服務中受益？或是你發現自己反覆推薦什麼東西？考慮在你的網站上建立網頁，任何人造訪時都能看到這些聯盟連結。

你可以透過聯盟行銷賺取小額或大量的「額外」收入，強烈建議只推廣你相信或有使用經驗的產品，如此你的聯盟行銷會更真實。

◆留住既有顧客

一旦顧客購買你的產品，你要讓顧客的旅程盡可能簡潔。在「感謝」頁面分享一段影片，讓他們知道後續流程，如何快速登入你的課程。

你希望學生登入、好好上課並真的完成！在線上課程產業中，未完成課程的比例超高，人們如果沒有完成你的課程，就無法獲得你的智慧，無法改變人生，也不會知道你有多厲害。

你可能會想：「我賺到錢，不在乎他們有沒有完成課程，他們已經付錢了。」但輸家是你，因為你錯過和對方建立緊密連結的機會，無法和他們談論你在做的事，也失去向他們銷售其他產品和服務的可能性。所以照顧好你的顧客，讓課程容易進行，考慮他們的使用者經驗，他們要如何完成課程。

用調查向受眾尋求回饋，如果你收到的回饋裡有「×××在哪裡？」記錄下來（並採取行動），因為客戶有麻煩，你需要指明他們在哪裡可以找到課程要素。

有人加入你的課程臉書社團時，你可以傳私訊給他們，或是語音通知歡迎他們加入。雖然要讓業務自動化運行，但私底下接觸，可以讓他們記住你。

寄電子郵件給他們，詢問他們的課程進展如何，並鼓勵他們採取行動。提醒他們在行動後，可以得到改變人生的結果。人們總是心血來潮買東西，然後不堅持到底。當那個能打動他們的人，成為他們的責任教練，給予支持。研究課程內每個模組的完成率，看看人們卡在哪裡，你要做什麼支持他們繼續下去？

- 你可以簡化內容。
- 你可以創造督促小組，讓他們繼續向前。
- 你可以主持一個工作坊，幫助學生在陷入困境時前進。

客戶的終身價值（lifetime value）越長，企業就越有利可圖，這才是真正的利潤所在。你的客戶黏著度越高，就能在未向新客戶推銷的情況下，為事業帶來更多利潤。

◆提高客戶黏著度

我最喜歡的咖啡廳是倫敦櫻草丘（Primrose Hill）的格林伯里咖啡館（Greenberry Cafe），那裡在週末要四十分鐘才能等到座位，但人們還是樂於排隊。

為什麼街上其他的咖啡館沒有同等待遇呢？因為格林貝里咖啡館學會卓越的客戶服務魔法，員工對待我兒子、丈夫和我就像是久違的朋友，創造出最熱鬧的氛圍，供應美味的巧克力布朗尼、早午餐及很好吃的兒童食品，會餵狗吃東西、和孩子玩、提供很棒的玩具，特別為我兒子列印出曳引機畫紙，讓每個人感覺賓至如歸。

我在生產後的第一次約會，只有我們兩個，就是去格林貝里咖啡館。在與新生兒和尿失禁掙扎的日子裡，那天是歡樂的時刻，我看到很多名模和一線明星都擠在小桌子大快朵頤。

身為課程製作者，你渴望成為格林伯里咖啡館，希望人們對你的工作讚不絕口，希望他們在虛擬世界也能得到同樣的溫暖。重要的是記住，購買課程不是旅程的終點，只是開始，人們因此進入銷售漏斗，你才能繼續培養關係，最終希望他們能回頭向你購買更多產品。

客戶的終身價值至關重要，他們留在你身邊越久，你的事業就有越多利潤，你可以鼓勵他們購買會員、團體計畫、大師課程和一對一服務。

這門課是你端到他們面前的巧克力布朗尼，誘惑他們進入你的事業，然後由你決定要不要向他們追加銷售其他產品和服務，這樣就可以為你的事業帶來更多利潤。

◆坦然面對三%到五%的退款率

我知道第一次發生這種事時，是多麼嚴重的打擊，記得有人要求退款時，我心煩意亂，啜泣著以為大家都討厭我。但事實上，在網路世界裡，有些人就是會在購買課程後又要求退款，他們會臨陣退縮，或是在上課後又反悔要求退錢，這讓人不愉快，但很正常。

檢視要求退款的比率，如果在三％到五％，就符合產業標準，但倘若高於這個比率，或是你發現退款率正在增加，請詢問原因。

你能不能做一些什麼幫助他們獲得支持，或是他們所需的資訊？他們可能突然出現冒名頂替症候群，覺得自己不配成功，有時候一封電子郵件或一通電話就能讓他們安心，讓他們步上正軌；或是你的內容太多，人們會因為沒有完成而感到罪惡？

人們要求退回課程款項時，禮貌、尊重（不管你有什麼感覺），並解決退款問題是很重要的。我在第一次銷售課程時，無法負擔管理費用，但是想要避免自己的情緒捲入退款過程，於是會貼上預先寫好的回覆，然後簽名。

每次收到退款要求都會有點心痛，但我試著記住，或許我們並不合適，快速處理要求，祝福他們，然後把他們從系統中刪除，就可以集中精力面對想和你一起努力的人。如今我已經有負責回覆郵件的團隊，但你還是可以盡可能將這個流程簡化並自動化。以下是退款郵件回覆的範本：

〇〇〇，您好：

非常感謝您的回饋，我們一直希望能改進服務和課程交付流程。

我已經退還您〇〇美元，這筆款項會在三到五個工作天內轉至您的銀行帳戶。

祝您今天過得愉快

〇〇團隊　敬上

杜菲爾德─湯瑪斯分享這些珍貴的智慧：

我們是否提供太多內容？人們容易太投入計畫；他們想給的太多、想解決每個人的問題，所以我做幾件事來限制自己加入太多東西，我的課程裡去除很多內容。

我們曾遇到退款率加倍，卻不知道原因，所以當人們要求退款時，我們做了小調查，人們說：「我沒有時間上這門課。」我心想：「但你可以用自己的步調上課，就像其他人說的一樣？」可是他們登入後會看到所有東西，因為我們讓他們看見整個計畫。

我每週設計三堂課，但他們還會看到補充資料、書籍、TED演講，歐普拉節目的連結，因為我想要盡可能完整，告訴學生這些想法從何而來，但他們只會說：「我不行，我無法完成這門課，我做不到，我無法完成。」

我們去除那些多餘的東西，只剩下我的內容，退款率就減半了，人們的回饋是：「老天，這門課好豐富又深入。」我心想：「什麼？我全刪了！」

所以雖然我感到內疚，刪除很多東西，覺得內容不夠完整，但這是一個很大的教訓，不要用內容把人壓得喘不過氣。

◆避免課程賣不出去的方法

我的IG收件匣裡塞滿人們的訊息，告知製作課程卻無法賣出。許多人製作課程、舉辦發布會、購買臉書廣告，然後放棄，此後束之高閣，蒙塵生灰。

身為課程製作者，你的挑戰不只在於了解課程內容，也要利用多種方式，一再銷售你的課程。對許多人來說，這不是我們擅長的事，建立YouTube頻道、運用社群媒體、和企業交流，或是在臉書上舉辦活動（下一章會詳細介紹）都是挑戰，但是課程的成功取決於你的受眾和源源不斷的新客戶。

想想顧客，他們會在哪裡、他們為什麼會受到吸引，購買你的產品，然後依此向他們推銷。測試、調整和修改，會有些起起落落……社群媒體平台會改變、臉書廣告會失敗、演算法會改變，還有你的帳戶可能被駭客入侵，總是會發生一些事，有時候惹人討厭！保持彈性，要知道如果你有很好的產品，就有很多種方式能銷售。

成為數據偵探，你就會知道什麼有效或無效。如果人們透過廣告點擊進來，卻沒有購買，或許他們對銷售頁面的文案無法產生共鳴，或是廣告的目標對象錯誤，查看資料，理解你的數據，然後決定需要調整的地方。我將銷售頁面從粉紅色改成白色，就增加二%的轉換率，這種微小的增量變化即可為我的事業帶來數千美元獲利。

如果人們進入訂購頁面，添加信用卡資訊，卻沒有按下購買鍵，你能做些什麼改變？能寄信給他們追蹤一下，好讓他們購買嗎？用軟體就能輕易將這個流程自動化。

或者他們不購買的原因是手邊沒有信用卡，你能用Apple Pay或PayPal簡化付款流程嗎？我在銷售漏斗加入PayPal後，四〇%的人開始使用，這讓我想知道有多少人因為沒有簡單的付款方式，就離開這個漏斗。讓購買課程變得簡單，讓他們無法抗拒地進行下一步。確認你的課程是最綿密、最好吃、最美味也最健康的巧克力布朗尼，他們就會一口咬下，加入你的課程。

◆不要複製他人，就做你自己

如你所見，銷售課程有許多方式，記住大多數成功的課程製作者也利用臉書或YouTube廣告，下一章會更詳細解說。

對你來說，只要決定什麼最適合你和你的事業。任何事情，建立受眾或發展關係都需要時間，在一般情況下，你要花費幾年才能「一夜成名」。你越堅持，頻道給你的獎勵就越多。你只需要開始！知道自己行的，製作YouTube影片、分享IG貼文，開始行動吧！

最後再提醒一句：別複製其他人的東西。你的ＩＧ內容不必很漂亮，不能不像你，談論任何讓你開心的事，在枯燥無味的海洋中顯得與眾不同，有助於讓你獲得關注。我最親愛的朋友，雷・厄爾（Rae Earl）總是對我說：「做**你**自己！」這就是我希望你在本章學到的，只有在你完全是你，人們才會崇拜你，才會被你吸引。**那**就是在社群媒體和其他媒體上銷售的方式。

第十二章

讓付費行銷成為值得的投資

◇◆◇

開始創業時，臉書是我最了解的地方，在那裡投注許多精力。我加入企業家臉書社團和計畫，和其他小企業主建立關係，慢慢建立我的社群。當時，臉書是最容易獲得受眾的地方，也可以找到喜歡你工作的人，還有想買你產品的人。

臉書提供不可思議的機會，在兒子打盹時，讓我在空房間裡創辦的小小生意能送到數百萬人的眼前，讓我得以建立受眾，確定我的課程和內容能被看到，我感到非常幸運。然而，時代在變。

臉書不再是過去的樣子，雖然平台上的使用者增加，但是美國和歐洲的用戶卻在縮減。平台對三十五歲以上的人而言仍然受歡迎，但越來越多年輕人開始轉向其他地方。

臉書在政治上也遭受壓力，我看到一些企業家朋友和同事的商業頁面或個人頁面，因為他們說的話而被移除；所有社群媒體平台都有審查。現在也聽到許多人說，他們做生意不喜歡用臉書。

雖然我說臉書在讓自己建立受眾，確認課程能被找到發揮巨大作用，但我也為了獲得臉書這個特權做出很多改變。你看，我已經駕馭臉書機器，付錢經營。二〇一八年二月，臉書創辦人祖克柏宣布平台做出重大變動，想要清理動態消息，將注意力從訊息消費轉到建立關係及參與。臉書因為「假新聞」和社群媒體對人們心理健康的有害影響，受到很多批評。祖克柏發表聲明，承認公司也必須考慮人們的「福祉」。臉書現在關注的是「有意義的互動」，還有「與他人相互聯繫」的能力。

一夕之間，一篇貼文在平台上的影響力從能得到穩定的讚和評論，下降到涓涓細流的瀏覽數。所以身為小企業主的我，從不用花錢就能接觸新受眾到一切**歸零**。改變很明顯：人們不再看我的內容。不管你是大型媒體出版社或小型企業，要在臉書上引起注意越來越難，結果只有一個方法：你必須付錢才能將內容送到大家面前，「付費運作」的時代已經到來。

這是我的轉捩點，身為小企業主和內容創作者，我知道不能再用以前的方法曝光內容，必須找到另一種方式……

所以和許多小企業主一樣，我開始利用臉書廣告，讓大家注意到我的免費內容，擴大我的電子郵件清單。免費內容是放在受眾鼻子底下的餅乾，鼓勵他們報名加入我的免費培訓。

我吸引人們加入行列，希望他們能轉換成顧客，但是當越來越多人開始使用廣告，費用開始上漲，效果卻沒有增加時，促使我決定建立一門迷你課程，人們能直接從臉書或ＩＧ廣告購買的課程。

課程銷售抵銷廣告費用，我還賺了一筆，可能再向觀眾追加銷售其他課程和服務。一開始，觀眾很少，我還沒有站穩腳根，你可能已經猜到，我還不知道怎麼自我銷售。利用廣告的力量讓我能接觸到上百萬人、銷售上千次課程，如果沒有使用廣告，這種事根本不可能發生。

雖然一開始使用廣告是信念上很大的轉變，但卻令人傷透腦筋，你設定預算上限，卻不能保證產生的收入能超過廣告成本。不過你看到許多成功的線上企業家和課程製作者都做過一件事：駕馭廣告的力量銷售數位產品。

銷售系統幫助我賣出數千套課程，因為課程費用抵銷廣告成本，也減輕我的銷售負擔。這個過程是自動化的，我只要負責設置銷售頁面和系統，它就能代替我發言，並且從這個過程中消除我的限制性信念與疑慮；換句話說，因為系統的自動化，我不會再破壞自己的銷售和事業！

然而，還有一件事要注意。如我所說，祖克柏對臉書進行徹底調整，一夕之間，許多公司受到演算法改變的影響。相似情況也可能發生在其他平台，我知道其他企業已經因為Google搜尋、YouTube或隱私權設定的變化，受到嚴重影響。

你現在可以在臉書、IG、抖音、Pinterest、推特、YouTube、Google、LinkedIn和其他地方付費吸引人氣，最受歡迎的平台也會成為時代的眼淚，潮流總是來來去去。

事實上，我們只是在社群媒體網站上租用空間，並未擁有空間上的資料，只是利用這個平台的潛力，所以有合適的發展策略是很重要的，記得在過程中也要建立你的電子郵件清單。

所以第一步是想辦法自然又免費地銷售你的課程，建立利潤，**然後**再投資廣告，進一步建立受眾。你必須決定什麼方法最適合自己，如果我能從本書給你任何收穫，讓你能培養受眾，就是：

一、跟隨你對所有社群媒體平台的直覺和本能，決定你喜歡什麼，依照你的喜好做事。這是你的時間、你的能量，所以感覺一定要對。

二、研究演算法和人們在說什麼。成為新平台的早期採用者會更容易做到這一點。

◆可重複販售的低價課程模型

接著介紹我如何長時間銷售迷你課程。如同先前所說，在幾年前第一次發表後，我一直長時間地銷售這些課程。這裡有許多原則也適合於高價招牌課程，以下是一個簡單的流程圖：

這是我在臉書上用來銷售課程的系統：

臉書廣告→十九英鎊課程的銷售頁面→二十七英鎊的加購訂單→追加銷售兩百九十七英鎊的課程→降價銷售四十七英鎊的商品。

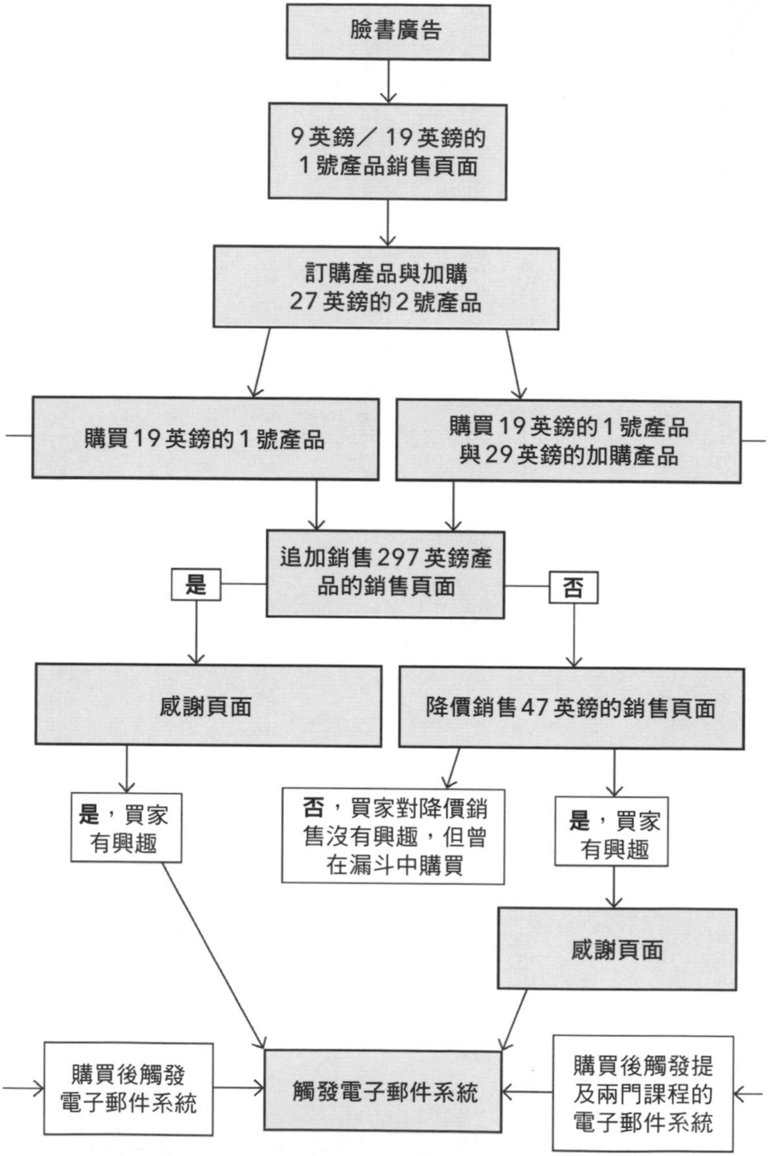

臉書廣告
9英鎊／19英鎊的
1號產品銷售頁面
訂購產品與加購
27英鎊的2號產品
購買19英鎊的1號產品
購買19英鎊的1號產品
與29英鎊的加購產品
追加銷售297英鎊產
品的銷售頁面
是
否
感謝頁面
降價銷售47英鎊的銷售頁面
是，買家
有興趣
否，買家對降價銷
售沒有興趣，但曾
在漏斗中購買
是，買家
有興趣
感謝頁面
購買後觸發
電子郵件系統
觸發電子郵件系統
購買後觸發提
及兩門課程的
電子郵件系統

在迷你課程中，你銷售的價格「不需要動腦筋」，人們購買時不需要三思。這不是高價課程，而是超級實惠的課程，能吸引人們加入，無論是九英鎊、十九英鎊或二十七英鎊。迷你課程的目的是讓你在市場中立足、建立電子郵件清單，並賺取一些利潤。

使用這種模式讓我能透過重複銷售迷你課程建立事業，已經賣出超過四萬堂課程，而且還在成長。我利用臉書廣告吸引上百萬人的注意，銷售價值十九英鎊的「自信上鏡」迷你課程。這個簡單的系統讓我擺脫這個過程，我的自我懷疑、自我破壞被踢到一旁，不會再搞砸銷售電話，因為銷售都是即時的。為我的迷你課程創造銷售機器，讓我不再忙碌，不再是不知所措、收入微薄的小企業主。

這個系統的美妙之處在於，能讓自己成為可信的專家，不必再處理免費內容，或是在花錢好讓人能看到你的ＰＤＦ或網路研究會後，還要苦苦期盼有人會購買你的產品。

幾年前，我創造迷你課程，除了調整和更新外就不太理會，它時時刻刻一直重複銷售。然而我確實努力建立新的受眾來購買課程，有些方法是透過廣告，有些則是曾在第十一章說的自然方式。

然而，臉書廣告的成本可能會有很大的差異。在短短五年內，一個潛在客戶的價格從五十美分漲到十九美元。在你付費尋找潛在客戶時，也要確保利潤有所成長。以下的範例將使用美元說明，因為臉書廣告收的是美元，我的課程也以美元銷售，但同樣的原則適用於所有貨幣。

注意：我決定讓業務全球化，所以用美元銷售，但若是你專注於單一市場（無論哪種貨幣），都能得到巨大的成功。

我會簡化數字，讓你明白也可以辦得到。迷你課程必須涵蓋臉書廣告成本（或是任何你行銷的地方），帶來一點利潤，這一點很重要。舉例來說，如果我的潛在客戶費用是十五美元，課程售價是十九美元，每售出一堂課程，我能賺四美元。如果一週賣出一百堂，就能收取一千九百美元，但要付給臉書廣告一千五百美元，所以一週的利潤是四百美元。

但是如果我在這個漏斗裡銷售其他高價課程或低價會員計畫，也就是追加銷售或降價銷售，就能增加平均訂單價值。因此有人要購買時，就會立即獲得另一門三十七美元，名為「鏡頭前銷售」（Sell on Camera）的「加購」課程，然後再追加銷售價值兩百九十七美元的「創造與擴展」（Create and Scale）課程，還有降價銷售的一美元會員計畫（第一週一美元，之後每個月二十九美元）。

現在你可以看到：

- 一百人購買十九美元「自信上鏡」＝一千九百美元
- 四〇％的人購買三十七美元的「鏡頭前銷售」＝四十人×三十七美元＝一千四百八十美元

- 十四人購買價值兩百九十七美元的「創造與擴展」＝四千一百五十八美元
- 每週有二十人加入第一週一美元會員，之後有二十九美元的持續收入＝二十美元＋經常收入（下一章將再討論）

總收入：每週七千六百五十八美元

年收入：三十九萬八千兩百一十六美元

所以你能看到，在臉書廣告花了一千五百美元，卻能帶來六千一百五十八美元的毛利。

現在想像你的廣告支出是原來的兩倍、五倍、十倍或一百倍？或是你增加另一個團體輔導課程、大師課程或一對一課程，對你的利潤會有什麼影響？

例如我有兩個會員計畫，能為事業帶來持續收入，也透過常設性網路研討會持續銷售高價招牌課程（稍後將詳細介紹）。如你所見，只要增加廣告支出，調整並改進臉書廣告、銷售頁面或電子郵件，就能增加購買人數的比例。當你這麼做時，每年可以提高數千美元的利潤率。

◆可重複販售的高價課程模型

長時間銷售高價招牌課程很困難，但這是可以做到的。如果課程價位中低，你可以透過自動化

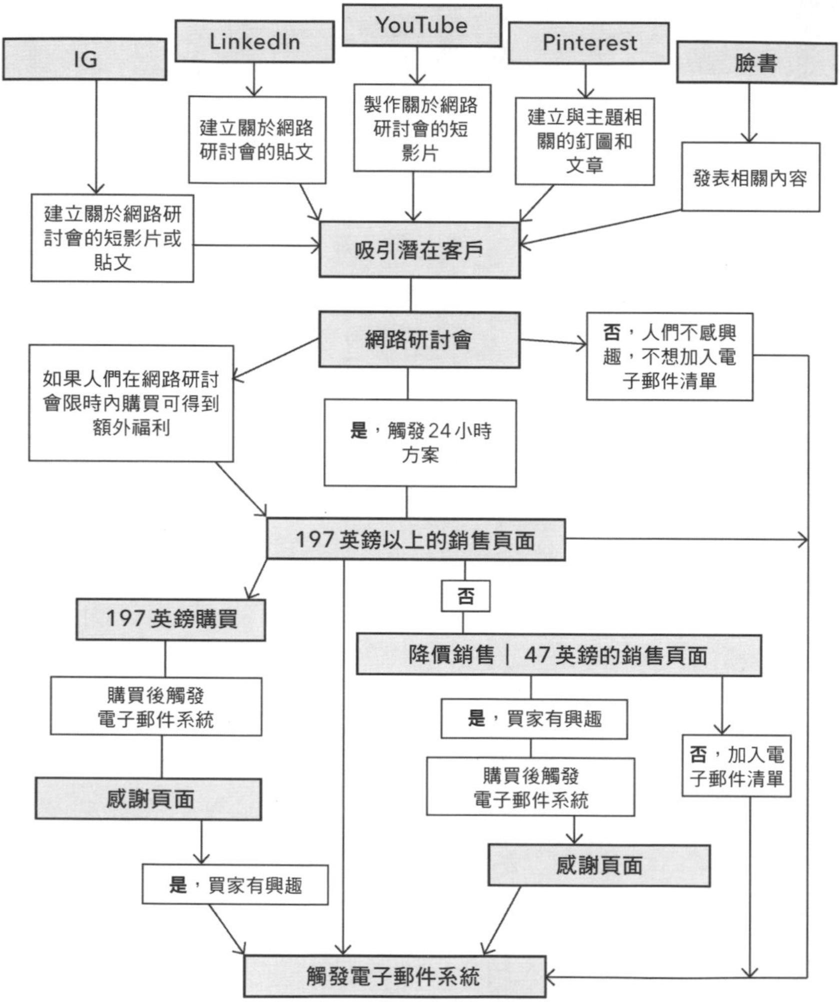
IG
LinkedIn
YouTube
Pinterest
臉書
建立關於網路研討會的短影片或貼文
建立關於網路研討會的貼文
製作關於網路研討會的短影片
建立與主題相關的釘圖和文章
發表相關內容
吸引潛在客戶
網路研討會
如果人們在網路研討會限時內購買可得到額外福利
是，觸發24小時方案
否，人們不感興趣，不想加入電子郵件清單
197英鎊以上的銷售頁面
197英鎊購買
否
降價銷售｜47英鎊的銷售頁面
購買後觸發電子郵件系統
是，買家有興趣
購買後觸發電子郵件系統
否，加入電子郵件清單
感謝頁面
感謝頁面
是，買家有興趣
觸發電子郵件系統

來銷售課程，透過電子郵件或社群平台邀請人們前來觀看網路研討會，看過自動化的大師課程後，他們將有機會加入你的課程或計畫，網路研討會提供銷售頁面的連結，他們可以在頁面上購買課程；如果課程價位偏高，人們就需要更多的幫助，才能從感興趣到真正掏錢購買，所以或許需要銷售電話。你可以將這個過程自動化，讓他們可用電話預約軟體，如Calendly或AcuityScheduling，向你（或團隊）預約銷售電話。

注意：我不喜歡銷售，過去會聘請業務員協助販售，他們收取一〇%到一五%的佣金。

使用臉書和IG廣告銷售課程

臉書廣告策略師麗莎．史都普絲（Lisa Stoops）分享一些製作廣告的技巧：

臉書和IG廣告是吸引完美學生的強大方式。想為課程發布建立受眾，一個快速又簡單的方式是，推廣一篇與你的課程主題非常相關的部落格文章，設置這篇文章廣告的宣傳目標：流量。如果你準備好了，我建議開課前三十天到六十天做一份廣告製作列表。每種生意在廣告上的花費是不同的，我建議先從小額開始，一天十到三十美元，看到廣告轉換時，再慢慢增加預算。

建立與課程主題完全一致的免費內容，開始研究受眾，製作廣告文案和圖片／影片。

在廣告準備階段，要確保一次選擇一個興趣點，就會看到什麼會轉換，而什麼不會。

在建立廣告時，為活動定立正確的目標。如果是報名和銷售，你要選擇的宣傳目標是：轉換率。確認登陸頁面和感謝頁面上使用正確的像素程式碼，讓廣告運行至少七十二小時，再考慮做任何改變。如果出現轉換率，就讓它再運行一週。臉書一週要看到五十個結果，才能讓宣傳最佳化。

別忘了現有的受眾，你的電子郵件清單、IG和臉書粉絲專頁參與者、網站訪客、影片觀眾等，也可以將他們當作目標！

廣告為什麼能帶來轉換率？重點在於你的訊息要能符合市場，如果對了，它就像魔法，廣告就能漂亮轉換。所以，有三個主要因素可以讓廣告轉換：你提供的內容、如何解釋你的內容（廣告創意），以及你如何讓正確的人看到廣告（受眾）。

記住，掌握臉書廣告是一個過程，即使不如預期也不用難過，不要太快放棄！臉書收到越多資料，你的廣告效果就會越好。

廣告是一門藝術，也是一門科學，你要發揮創意並脫穎而出，分析資料並深入挖掘，看看到底發生什麼。臉書不是唯一的選擇，必須測試哪個平台最適合你和你的受眾。臉書的消費者習慣在上面購買，或許就不會在其他平台做出同樣的購物決定，必須測試看看什麼才是對的，還有什麼能為你帶來投資報酬。開始注意你喜歡或不喜歡的廣告，加以解構，了解它們吸引人（或讓人想略過）的原因，以此為起點來思考廣告，還有你想要表現的內容。

使用YouTube廣告銷售課程

數位策略師卡翠娜．楊格（Katrina Young）分享如何使用YouTube銷售課程：

我喜歡使用YouTube廣告，將會分享使用這個平台的好處，以及對我和顧客有效的策略。研究長尾關鍵字（Long Tail Keywords），使用顧客正在搜尋的詞句和關鍵字，想想他們的消費者旅程。你在設置Google廣告時，需要學會Google Manager和Google Analytics，才能了解顧客、潛在客戶及人們找到你的方式，幫助你最佳化長尾關鍵字與檢索詞。

你的理想客戶正在搜尋什麼詞句？標記並定位你的影片，這樣才能定位你的目標受眾。我一開始用Google廣告時，經常在Google和YouTube上看到俗氣的廣告，所以我的策略是創造非常自然、未經剪輯的即興影片。

這些影片就好像我正在和人聊天，低調又和藹可親，不會「大吼大叫」談論限時或限量優惠。你可以透過廣告反映自己的品牌和事業。宣傳片的語氣至關重要，定義我的廣告會在哪裡出現，所以重要的是你想鎖定哪些群體。如果沒有，Google會為你最佳化廣告，但是效率較低，費用也較高。因此開始最佳化廣告，然後基於過去的宣傳建立最佳做法，例如鎖定我想展示廣告的特定市場或生活方式，然後改進策略。

當你投放廣告時，使用Bitly這樣的UTM（Urchin Tracking Module），即可追蹤關鍵字是否成功，以及登陸頁面的轉換率（有時候Google廣告系統裡的數字不一定都準確）。檢視你的最終目標，例如登陸頁面。檢視最終目標，即登陸頁面和你試圖導向影片、登陸頁面、網站或漏斗的流量品質。

資料對宣傳和預算最佳化至關重要，廣告的成功與否取決於廣告宣傳的細微調整，所以當個數據偵探吧！一定要設定好Google Search Console，建立相關登陸頁面、網站代碼及Google標籤的Google Analytics。前幾個宣傳活動可能無法達到目標，但是只要繼續調整並推動流量，就能改進你的策略。

注意：仔細檢查是否已經關閉不想繼續運作的宣傳活動，這很容易遺漏，你不會想把錢浪費在無效的廣告活動上。

還記得那個數字嗎？在網路世界裡只有二%的人會購買你的產品，這就是花錢運作重要的原因。這就是羅賓斯和羅素・布森（Russell Brunson）等成功企業家擴展業務，並擴大影響力的方式。

這就是邊睡覺邊賺錢的祕密。不可否認地，還有團隊成本與業務開支，但是這可以讓你在從事其他業務，或花時間做自己喜歡的事情時，還能有穩定收入。我不特別，不擅長數學，銷售能力也很差，我曾經免費為人工作，然而我建立營業額數百萬美元的事業，你也能做到。記住五大原則：

一、確定你的內容
二、建立你的課程
三、自動化你的過程
四、重複銷售
五、重複步驟一至四

包裝你的強項、自動化你的系統、研究資料；檢視什麼是有效的，停止無效的事。

踏出這一大步需要勇氣、毅力、進取心和意願，別管冷嘲熱諷的評論；忽略網軍。不要因為你「該做」而做；如果警鈴響起，或是內心向你揮舞紅旗，別做。寫寫筆記，讓你的自我安靜下來，學習相信你的直覺，就會知道什麼對你來說是正確的。請記住，怪異的精彩更能脫穎而出，所以不要試著融入人群。要挺直背脊，要鶴立雞群，**你要無所顧忌！**

第十三章 打造你自己的會員經濟

◇◆◇

十幾歲時，我喜歡去百視達（Blockbuster）租兩部浪漫喜劇電影，再買一大袋焦糖爆米花，然後和死黨一起在家觀看，我想自己大概看了二十遍《你是我今生的新娘》（*Four Weddings and a Funeral*）。

但時間快轉一、二十年，只能為百視達哀悼。二〇一〇年九月，百視達申請破產保護，負債九億美元，它曾是價值數百萬美元的跨國公司，卻未能與時俱進，也沒有意識到訂閱制才是未來的發展方向。

儘管媒體前景不佳，但我坐在沙發上寫這段文章時，兒子正在旁邊用Netflix看卡通《諾弟》（*Noddy*），雖然有疫情，不過Netflix、Amazon Prime和Disney+這類公司卻欣欣向榮。你想知道為什麼它們成功，而其他人卻不得不吹熄燈號？我們每個月都付費訂閱，購買它們的服務，這些公司不是銷售，每個月都能收到付款。

亞馬遜、Peloton和你的健身房會員都一樣，體認到重複訂閱的好處。你的生意也能這麼做，可以創造重複訂閱，每個月都有收入，不管生活中發生什麼事。

行銷人員會告訴你，針對現有客戶再銷售會比試圖吸引新客戶來得容易，而這也正是你要做的事。如果你付費給臉書或YouTube廣告，藉此吸引客戶，為潛在客戶支付十五美元，身為小企業主的你都必須將那個潛在客戶的價值最大化，不能有錢卻放著不賺，不該自己吃著麵包屑，忽略後院正在閃閃發亮的鑽石。

那麼要怎麼做？就是這個神奇的詞彙：會員。你可以為課程建立會員計畫。會員計畫和課程如影隨形，就像漢堡與薯條。說到麥當勞，想想你點了大麥克後會發生什麼事？服務生會問：「你要搭配薯條嗎？」你的會員計畫就是課程的薯條，受眾因為會員計畫而在每個月得到持續的訓練和支持。

對我而言，我每天都在銷售會員計畫。每次有人購買「自信上鏡」課程，我都會讓他們加入「直播，然後聲名遠播」會員，第一週只要一美元，之後每個月二十九美元。加入會員後，客戶每個月會收到一份輔導資料、訓練、大師課程、與我的問答時間，以及在建立受眾和鏡頭前直播時的支持。一週後，每個月會自動扣款二十九美元到我的銀行帳戶，直到客戶取消為止。

會員計畫是一種財務緩衝，讓我每個月可以有一筆穩定又重複的收入。

我非常喜歡會員計畫，所以在兩個領域各自建立一套會員計畫：「直播，然後聲名遠播」會員針對初階企業主，他們剛剛起步，想在網路上培養受眾；也為較具規模的企業主建立名為「邊睡覺邊賺錢」的會員計畫，這是為了課程製作者在製作課程與建立會員計畫時，能得到持續支持。我們有每天的「責任」會議來確保工作已完成、每週和我的問答時間、每週與技術專家的技術會議，以及每月和臉書廣告專家、文案、搜尋引擎最佳化專家的會議，還有每月工作坊。

現在你可能記得我說過喜愛會員計畫，但不是一直都喜歡。事實上在很長一段時間裡，會員計畫讓我覺得置身在內容創造的跑步機上，我不太擅長這種事，所以必須簡化流程，改善參與方式。

◆適應臉書付費訂閱戶

先從會員旅程的起點說起，或許該稱為我的會員不幸之旅。參加某個隨機的臉書調查後，我似乎進入臉書小企業主的圈子，所以受邀參加活動和網路研討會，幫助擴展事業。在這些活動中，他們要我測試（也就是當白老鼠）新的臉書產品。臉書邀請全球二十五個企業家（包括我）測試臉書訂閱社團，這表示我們要在臉書社團建立會員計畫，而臉書負責加入社團的付款頁面和付款方式。身為菜鳥企業主，這對我來說是很好的機會，它提供快速建立會員的好方法，缺點則是我無法控制行銷策略、入會會員的電子郵件和付款系統。

我遇到的第一個障礙是，臉書突然告訴我產品要上線了，我頓時措手不及，所以每個月都一直忙著製作內容；第二個問題則是，我四處向會員宣傳將在週四晚間八點舉行直播，但事實上直到凌晨一點技術都尚未就緒！如果技術無法正常運作，我的第一次發布就很難贏得良好的第一印象。

我有一份三百人的等候名單，他們登記是為了知道我的會員何時能啟動。幾個小時後，我的興奮感消失了，因為以為自己失敗，會員只有三十人，記得當時向丈夫哭訴，認為自己是失敗者，幾乎沒有意識到一〇%的報名率已經很好（記住產業標準只有二%）。

凌晨一點，臉書終於開放我的會員系統，但是多數會員已經睡了。

凌晨時分，我在悶熱的髒亂環境中，為臉書付費訂閱制的經驗錄製一段YouTube影片。我不確定自己是否說得條理分明，但是你可以上我的YouTube頻道看看（笑一笑）：www.youtube.com/lucygriffithsdotcom。

因為對會員計畫沒有做好準備，我一直像是倉鼠，忙著製造內容，覺得永遠在追著自己的尾巴。建立好一個月的內容量後，又要提前製作下一個月的會員內容。我最大的失敗就是，每個月都試圖製作新課程，如果你沒有團隊，還在起步階段，這樣就太有雄心壯志了，對受眾來說，也多到難以消化。為了跟上潮流，我做出過多的承諾，而且在ＩＧ、臉書及YouTube都進行宣傳和公關。我創造一個會員怪物，卻無法控制。

事後看來我應該簡化服務，改在臉書社團提供直播培訓，每天一點一滴地提供支持。會員計畫建立在臉書上，所以我應該利用這個經驗，承諾每天的直播都能鼓舞、激勵人心，並提供每月或每週的培訓。我很快了解到，蓬勃發展的會員計畫需要持續的內容計畫和發布策略，而兩者都是我缺乏的。當我開始透過漏斗銷售課程時，想將會員計畫也納入漏斗中，但是因為臉書的支付系統，我不可能用想要的方式整合系統。是時候建立自己的會員了，按照我的條件、我的支付系統，而且這一次我有計畫！

◆規劃適合會員的一年內容

計畫實在太重要了，能幫助你規劃這一年要創造的事物，並減少壓力。決定今年的關鍵主題，每個月想教導或分享什麼？或許你不想教導任何東西，只想提供一套範本，或是想要每個月邀請專家加入會員，就某個主題對會員進行培訓。

這是你的會員、你的規劃，所以由你決定什麼適合。現在決定你想讓什麼內容成為會員的基礎，你每個月一定要有的內容是什麼？請記住，如果你開了先例，就很難撤回承諾，提供更多服務比無法達到承諾好上太多。

我的第一個會員計畫還遭遇一個問題，專家承諾會製作內容並訓練，卻沒有出現，因此我不得不四處奔波，想辦法填補會員計畫的空檔。

所以我現在都付錢給專家解決這個問題，這表示他們每個月都會出現，我也避免不得不做所有事情的壓力。我付錢買下他們一小時的時間，他們也從被會員視為「專家」而受益。

規劃出你一年的內容，你不必製作一整年的內容，這樣壓力太大了，我建議剛開始時，至少提前三個月製作內容即可。

◆會員計畫要提供的支持

每個會員計畫都不一樣，你可以用各種方式提供支持。在「直播，然後聲名遠播」會員計畫中，我分享初期創業者的受眾培養策略，也加入培訓影片和大師課程，每個月還會有一次直播挑戰。

而在另一個會員計畫「邊睡覺邊賺錢」中，我注意到許多企業家想要有支持團體來完成事情，而不是一直學習。身為企業主要處理很多事，如果付了錢沒有時間學習，就會感到內疚，所以重點是責任會議和實際「執行」。不過我每個月都會提供各種文案、技術或其他專業，幫助會員解決燃眉之急。

你的內容計畫！			
1月	2月	3月	4月
5月	6月	7月	8月
9月	10月	11月	12月

會員計畫不一定都是為了賺錢，我也有學生建立芭蕾、下棋、瑜伽或自閉兒家長的會員計畫。你的課程可以是想要的任何內容（前提是有人願意為此付費），會員計畫可以是課程的延續。請考慮以下問題：

- 你的會員計畫想加入什麼？
- 每個月都會持續出現的內容是什麼？
- 你希望每個月或每一季推出哪些「新」內容？
- 你會邀請專家加入會員服務嗎？
- 你會建立一個社群，讓會員互相支持和交流嗎？

◆建立支持社群

對許多人來說，加入會員最重要的因素就是社群，這是志同道合者可以相互連結、彼此支持的空間。我以小企業主的身分參加「女性企業家協會」會員計畫，我最喜歡這個空間的一點是，它是支持團體，在那裡可以發問，彼此支持，最終發展業務。你也可以利用臉書社團或其他平台，如Slack或Circle。

建立社群有點像是舉辦成功的聚會，美食、香檳和沁人心脾的啤酒，播放美妙音樂，大家都很盡興，對客人來說，這似乎是不停頓的娛樂；對主人來說，則代表數個小時的準備，烹飪團隊、服務生和洗碗工，才能確保一切順利。

建立社群看似容易，但事實上要讓團體成員持續參與需要努力。最終，投入都能有所收穫。有時候你的社群像是鬼城，你可以花時間提出問題，建立關係，重振社群。你要如何做到？

- 提出吸引人的開放性問題。
- 鼓勵成員彼此支持，創造安全空間。
- 定期在社群舉辦直播活動。

然而有些會員計畫不適合建立社群，如果你銷售的是Pinterest模型的訂閱服務，或許就不需要建立社群，會員可能不會使用臉書社團，你的投入就無法獲得回報。

身為內向的人，我知道其他內向者也擔心經營社群，害怕太耗費精力。你可以僱用社群媒體經理，每週花一、兩個小時管理社群，或是要求某些會員成為管理者。這是你的規則、你的會員，由你決定如何運作。我想介紹幾個絕佳的會員計畫，希望能激勵你。

數位女性創辦人露西・霍爾（Lucy Hall）

兩年內，我們已建立一個激勵人心的線上社群，擁有近三萬名數位女性（Digital Women），使命是在二〇二四年透過數位教育，讓超過一百萬名女性獲得自主權。

在疫情前，所有活動都是離線的，也有幾場二〇二〇年的活動已經售票，我們需要找到方法維持這項收入，所以使用Heysummit活動平台和其他技術，像是Zoom與臉書活動，將活動轉為線上。

我很快就意識到，必須快速改變工作方式，才能為社群發展和永續提供資金。二〇二〇年四月，我們開辦付費線上會員俱樂部，邀請想獲得額外培訓和支持的女性參加，尤其是在如此艱困的時期。

一年後，我們有了七百名付費會員，來自臉書社群和線上活動，公司也招募新員工，協助製作內容與業務成長。我們也出現在全國性新聞報導，甚至接受臉書和推特的採訪報導。

今日技術的可用性與易用性，代表我們可以不停歇地舉辦數場線上活動、線上課程、建立關係網絡，並接受付費。建立線上社群不僅有回報，對我們成長中的事業也是絕佳資產。任何人都可以成立線上社群，隨著時間，它會開始自我發展，成為你付費活動（如活動、培訓及會員）的銷售漏斗。但是你要先投入心力；以下是一些在不給自己太大壓力的情況下，就能發展線上社群的訣竅：

- 為你的社群創造需要人們支持的強大使命，幫助人們推廣和分享你的社群。
- 委派：找到你信任的優秀版主，分配任務給他們，如果你有團隊可以管理事情，就可以適時休息，好讓你投入資金計畫。
- 提前為社群安排或規劃內容，你就不必每天擔心要發布或分享什麼，可以利用臉書社團發布排定功能。
- 如果認為會員可能想要回答社群的問題，就標記你的會員，讓會員加入討論。我曾認為自己必須回答每個問題，但是社群裡也有知識淵博的人，你要知道他們是誰，如果有人提問時就會覺得受到幫助，也會覺得很珍貴。
- 為自己設定一些界限，詢問自己：社群成員一直發訊息給我，我能接受嗎？如果不能，等等再回應也沒關係。

◆決定會員計畫的託管平台

許多能託管課程的技術平台也能託管會員計畫，例如Kajabi、Teachable或MemberVault™。

需要考量的是你的社群，許多課程託管平台會為會員管理影片和練習作業，但是目前還沒有適合社群的「全功能」解決方案。

你可以利用臉書社團提供直播培訓，在私人空間回答問題，其他選擇包括Circle和Slack。臉書是最多人用來託管會員社群的平台，記得我的「付費訂閱」經驗嗎？託管社群空間、建立自動化，而且你可以選擇付款選項與社群，都和臉書控制一切截然不同。

在將銷售頁面、行銷策略和電子郵件資料託管在其他地方時，仍可邀請人們加入臉書社團，而你這個企業主可以控制整個空間（不像先前的經驗，由臉書控制行銷、付款及資料）。我將會員社群放在臉書，會員系統和培訓影片則放在Kajabi。

臉書的缺點是有很多干擾和噪音，很難找到貼文、看到內容。然而臉書是目前全球最受歡迎的社群媒體平台，每個月都有二十億獨立用戶，但它的受歡迎程度正在下降，有些人不喜歡臉書，不想上那個平台。那麼，你還能去哪裡尋找？

有些企業家利用溝通工具Slack，提供簡單的交流和尋找內容，雖然它較不會讓人分心，也比臉書有效率，卻不太溫暖，也不太友善。

Circle社群（Circle Communities）是市場上新的有力競爭者，可以整合Teachable和Kajabi，也提供溫暖與臉書社團的功能，而且不會讓人分心。另一個選擇則是利用臉書的功能，但付費購買臉書Workplace，較不那麼嘈雜。還有許多不同選項並未提及，你必須決定適合的方式、會員模式和事業。在這些選項中，你可以先操作試用版，看看有什麼想法！

◆收取入會費

你要想著會員，他們願意付多少錢？什麼時候「不需要動腦筋，我就加入」變成「投資」？如你所知，我喜歡課程，但是認為有些課程作為會員計畫存在會較好。對某些課程來說，建立會員計畫讓內容更容易負擔，學生也更容易完成。想想如果你向消費者銷售課程，他們經常會考慮得超久，很難決定要不要投資高價課程。但是會員計畫比較實惠，也不那麼嚇人，你買了兩百九十七英鎊的課程後，還得支付各種帳單。對消費者而言，一個月九英鎊或十九英鎊似乎可以負擔。

另一方面，企業主願意為會員計畫多付一點錢，因為可以報帳作為商務支出。例如我的會員計畫依照不同價格有兩個銷售策略，會員計畫「直播，然後聲名遠播」入會費是二十九英鎊，而「邊睡覺邊賺錢」的價格更高一點，你可以決定哪個價格適合自己：

- 你想收取多少入會費？你分享什麼價值？
- 你認為多少錢較好？
- 你覺得客戶願意付多少錢？

- 你認為會員付得起多少錢？

◆你的行銷發布策略

我不會為會員計畫唱歌、跳舞，它以「降價銷售」的方式藏在我的漏斗裡，所以人們如果買了一門課，我會用一美元的價格向他們推銷加入會員，也會放在網站上，但是不會強迫人們觀看。我不會為它舉辦網路研討會，也不會在各個社群媒體貼文，我用懶人模式發行會員，這樣可以讓會員數穩定成長，還不用舉辦發表會或談論會員計畫。

如果你想對會員計畫多花費一點心力，可以考慮發布會，發布會可用某個與會員計畫相關的主題，舉辦三日挑戰或訓練（相似於第十章討論的課程發布）。在培訓後，以第九章和第十章所說的類似方法，透過網路研討會販售會員計畫。這種方法更激烈，你可能會整年都在進行各種培訓，但這是成功擴大會員規模和快速發展的方式！

艾莉絲·盧卡斯（Ailish Lucas）是The Glow Getter創辦人，這個線上會員計畫幫助小型美容品牌學習行銷和社群媒體技能，讓它們創造瘋狂粉絲並增加收入。

我的背景是行銷，卻對美容充滿熱情，所以創業之路是先從美妝師開始，然後是美容治療師，並建立討論自然美容部落格。後來開始舉辦免費的線上活動，訪問健康、保健和自然美容方面的專家，但是我看到有許多令人驚豔的美容品牌擁有絕佳產品，卻不知道如何自我行銷，所以在二〇一九年決定將部落格的重心轉為只關注會員。我沒有網站，只用ＩＧ產生新會員，使用幾個簡單方法做到這一點。

第一是在ＩＧ上建立內容，尤其著重在小型美容公司，討論它們面對的問題，以及如何克服這些困難；第二是接觸夢想的目標客戶，開始和對方私訊對話，了解他們。重點是建立關係，提供免費價值（例如和對話內容相關的部落格文章或影片），但不求回報。

真正帶來影響的關鍵在於，挑戰自己在三十天內每天錄製一段直播影片。我放棄成為「ＩＧ網紅」的想法，只為觀眾提供價值，以自己的身分出鏡，讓全世界知道我認真看待這項業務，這是一種心態挑戰，同時也帶進新的會員，因為他們對我的訊息、教導的內容產生共鳴，也認為我是這個領域的專家。

女性企業家協會的格林經營會員俱樂部（Member’s Club）也很成功。

格林成立女性企業家協會，也建立溫暖、關懷的商業社群。在網路世界中，她是真正激勵我的人，她的著作《女性創業家》（*She Means Business*）讓我一讀再讀。

我創業時只有自己一人，很努力在社群媒體上建立受眾；我的電子郵件清單大約有一萬八千人。但第一次發布付費產品時，不知道會如何轉換，所以和受眾一起建立會員計畫，我覺得這很重要。我進行調查，詢問他們最需要什麼幫助、最大的困難是什麼、挑戰又是什麼，並詢問一些問題，像是「如果我有一根魔杖，你希望我幫助你的事業做什麼？」在調查的最後，我會說：「我想建立會員組織，幫助發展業務，你是否有興趣加入？」你想按月或按年付費？

超過八一％的人表示會加入，所以這是一個很好的指標，我正在做對的事。隨著首次發布會越來越接近，我全心投入向他們介紹會員計畫，讓他們了解會員計畫和社群，我想創造有歸屬感的地方。為了讓人們認為他們屬於那裡，需要描繪你的會員身分意味著什麼、代表什麼？

我用社群媒體和電子郵件分享，在六週內約有兩百名會員加入，每個月陸續有更多人加入，第一年就累積到一千人。但是我發現一個問題，因為只有自己一人，要處理的事卻太多——製作內容、客戶服務和行銷。所以發布一年後，我停止會員註冊，並表示這是最後的入會時間，不知道何時會再重新開放，那項發布幫助增加到兩千名會員。

等我再次發布重新開放，分享三集免費影片，開放七天讓人入會，最後有一千兩百人加入。我意識到只開放七天會比開放一整年的註冊人數來得多，也簡單許多，這種稀少性因素創造驚人成長，幫助我們達到五千多名會員。

我們想做免費的挑戰，所以成立一個暫時性臉書社團；規劃幾個月的預備時間，讓受眾開始預熱暖身。所以如果主題是「能見度」（Visibility），會開始圍繞那個主題製作內容，分享如何讓人看見，在三、四週後，開始上廣告，寄發郵件邀請人們參加挑戰。我們大部分資金放在臉書廣告上，讓人們參加挑戰。

他們參加後，就會收到臉書社團的邀請。挑戰開始前幾週，用幾個簡單問題讓受眾暖身，問題很容易回答，也藉此讓他們自我介紹。我也會加入這個社團，為他們錄製歡迎影片，並在這幾週發布一些內容，像是分享我的TED演說和其他內容，讓人們了解我。

我們進行為期五天的培訓，在第四天開放會員入會，第五天則開始銷售。接下來一週，邀請會員分享經驗，購物車開啟時，我每天都會寄送電子郵件，在最後一天會寄出三封，提醒購物車要關閉了。有時在挑戰中，我們會降價銷售，如果他們還在猶豫，尚未準備好投入，可以先用一美元試用，我們消除風險因素。

當你發表產品時，必須了解不同的購買決策。有些人重視其中的情感和某些人已經實現的轉變，其他人則厭惡風險，所以要提供試用：「參加挑戰，全力以赴，讓自己沉浸在內容中三十天，看看三十天內會有什麼不同。如果三十天後毫無改變，就代表不合適，我們將無條件退款給您，從此分道揚鑣。」許多人只是需要你幫助他們做出決定。

最後，稀少性因素能幫助他們下定決心！

◆留住你的會員

經營會員的最大挑戰是留住會員，會員是為事業帶來穩定經常性收入的絕佳方式，也能帶給你財務保障。如果能留住會員，甚至可以更有效率，你可以培養他們，讓他們購買其他產品和服務。吸引一個新會員的成本會比留住現有客戶貴上十倍。許多人在會員計畫中平均只停留三個月，如何讓他們留在你的社群？

Loyalty Growth Lab的莉茲．畢登（Liz Beadon）是會員維護專家，幫助企業家留住會員！

會員計畫通常讓企業家能提供團體培訓和輔導，以換取會員每月、每季或每年的訂閱。在過去幾年，越來越多企業主都啟動自己的會員計畫。

為了建立有利可圖的會員計畫，有三種方法可以利用：

一、會員數量

會員成長是大多數會員計畫所有者關注的焦點：如何盡可能快速、大量地增加會員。雖然直覺上這是明智的做法，但如果著重其他兩種方法，就可能面臨失敗。

二、會員保留率

當你的事業依賴會員支付經常性費用時，確保會員的黏著度就變得比以往重要。我說的「黏著度」是指會員加入後不想離開，太多會員計畫將重點放在引進新會員，沒有考慮入會後的體驗。忽視會員維護將是代價高昂的錯誤，倘若你得花錢獲得新會員更是如此！

三、會員的平均消費

最後這個方法經常被會員計畫所有者忽略，會員通常是你最忠誠的粉絲，會員計畫中應該考慮相關產品追加銷售和交叉銷售的機會（強調「相關」的部分！）。

身為維護策略師，我擅長後兩種方法：增加保留率和平均會員消費。我能提供給剛起步的會員計畫所有者最好的建議，就是傾聽會員的聲音，設身處地為他們著想。確保體驗裡加入快速又短期的勝利，以便新會員能看到加入會員後帶來的影響，並且開始行動。

你的入會流程是成功留住會員的關鍵，容易瀏覽嗎？他們知道自己註冊什麼？知道如何取得內容？是否對成為你社群的一分子感到「興奮」？

當有人註冊時，一定要在感謝頁面看到你的介紹影片，分享會員可以做什麼事，並且告知網站如何運作。會員加入並感覺快樂（而且被傾聽）時，可能會待得更久。你也可以每週或每月舉辦一次責任會議，人們會因此覺得受到重視，並步上正軌；或是提供路線圖，他們就知道接下來要做什麼事。想像你正為母親建立會員計畫——要保持簡單！一定要找其他人測試。

我在不同時區進行培訓，吸引世界各地的人，從聖地牙哥到雪梨、從科羅拉多到科茨沃爾德（Cotswolds），所以用不同的培訓時間讓服務涵蓋全球。

將你的內容分解成能進行微學習的部分，畢竟人們很忙碌，沒有時間，不想一次訓練一個小時，五至十分鐘就好。還要自動化付款系統，如此你就不用理會，每個月都會對會員自動扣款。

向人們提問，假設別人的想法很簡單，更要經常詢問調查，因為最終快樂的會員代表會把你介紹給其他人，而你最大的粉絲也會成為最大的擁護者！

還在等什麼？是你建立會員計畫的時候了！你的會員計畫將帶你走向真心渴望的財務自由。

第十四章 課程上線只是開始

◇◆◇

這章將涵蓋你建立和重複銷售課程需要的一切。

你可能認為建立課程就是終點，事實上這只是開始，是一生旅程的起點，要測試、調整並重新定義，好改善你的銷售頁面，要根據回饋和更新調整所做的事。我第一次創業時，連續一年每晚都重寫網站文案，希望能帶來更多客戶，要提醒的是：這樣沒辦法做到！

所以雖然我不想要你在把嬰兒抱出洗澡水時，還在思考課程是否需要重新錄製或撰寫，但是測試與調整銷售頁面必不可少。你的銷售頁面很重要，它能為你發言，所以如果人們進入你的頁面卻不購買，就該調整文案，看看怎麼樣才有效。

雖然我已建立百萬美元事業，但也花費數千美元調整銷售頁面和方案，好讓它能重複銷售。被動收入不是動動手指，就神奇地期待課程能大賣，而是需要工作和努力。

有些時候我從早工作到晚，但是也有很多時間可以旅行、陪伴兒子，可以接送孩子、陪他校外教學，還可以陪他度過重要時刻。事實上，我已經建立被動收入事業，卻仍在工作。即使抽走大部分的時間，我仍在為事業工作。你想自動化業務，但是不能將生意的責任委託給機器人，仍要管理公司運作、自動導航的需求，以及哪些部分需要投入私人關懷。

早在二〇〇七年，當時的記者生活一天工作十六個小時，我在曼谷的書店發現提摩西・費里斯（Timothy Ferriss）的《一週工作四小時》（*The 4-Hour Work Week*），我想要那樣的生活。這麼多年後，我開創自己的生活，卻不能說我一週只工作四小時。我喜歡從事熱愛的計畫，製作課程，而且很高興能寫書，用寫作賺錢。我喜歡自己可以選擇工作，可以把厭煩的工作委派他人或自動化，或是僱用比我厲害的人做那件事！

建立線上課程事業，對你來說也是完全有可能的，如果我做得到，你也可以！我不是天生的業務員，也不是最聰明的人，不擅長技術，更沒有重新發明燈泡，我只是不斷擴展受眾，然後製作會自動銷售的課程。

對我和家人來說，製作課程是真正的革命。我在撰寫本書時，丈夫正和大學友人講電話，對方擔心已經做了二十年的工作會被解僱，不確定接下來要做什麼，也不敢貿然行動。踏進數位課程建立的世界大大跳出我們的舒適區，這一行技術、行銷和彈性的學習曲線都很陡峭，但事實上你也可以建立這項事業，可以在醒來就收到PayPal和Stripe的訊息，告訴你又賺了多少錢。

你也可以為家人創造財務自由，我的丈夫可以辭去討厭又單調乏味的銀行工作，加入我的事業。我們在夏天可以休息，環遊歐洲，創造冒險和回憶。

諷刺的是，本書談的並不是金錢，床底下有滿滿一罐現金不代表什麼，生不帶來，死不帶去。本書談的是減少工作、重視生活後帶來的財務與情緒自由；談的是可以和所愛之人一起擁有你夢寐以求的經歷。

我已經告訴你睡覺時賺錢的方法，提供藍圖，希望你也能這麼做。要持續不懈，要持續培養受眾，要保持彈性，讓我知道你的進展！我是你的頭號啦啦隊長，希望你成功。我相信你，我知道這對你來說也是有可能的，我知道你做得到！

致謝

在我九歲時，父親在木工課裡為「我的書」製作書架，我花費三十多年才真正寫出書來：希望你能閱讀。

謝謝父母在我十個月大時，就帶著十個孩子與一座活動帳篷，穿越歐洲來到西柏林，你們從小就灌輸我冒險、獨立和有目標的觀念，無論選擇哪一條路，這些人生經驗都伴隨著我，謝謝你們經常聆聽我對部落格和事業的想法，我最終抵達目的地了。

謝謝丈夫提姆，我愛你，謝謝你在我懷疑自己時給予鼓勵，在我想把筆記型電腦扔出窗外時哄我，在我希望有信心翱翔時握住我的手，多麼幸運人生中有你。

謝謝你，班，你帶給我擁抱創業世界的動力，你成為我的「為什麼」：你是我做這些事的理由，謝謝你在封城狀態下，容忍媽咪寫書。

非常感謝法蘭克叔叔，讓我明白說故事可以賺錢，並為我開啟通往新聞和寫作生涯的大門。感謝你所有充滿酒精的辯論，灌輸我對政府的熱情、挑戰一切的信念，以及為弱者奮鬥的勇氣。

感謝我的兄弟姊妹——喬、馬克和艾瑪，你們激勵我尋找一條人跡罕至的冒險之路，躍入未知，追求夢想。

非常感激婆婆瑞爾達，我非常愛妳，當我小心翼翼帶著寶寶踏入創業世界時，妳是我的啦啦隊長和擁護者，妳的興趣與熱情對我意義非凡。

非常感謝厄爾，謝謝你充滿胡言亂語的睿智建議，讓我明白撰寫暢銷書，同時養育小小孩確實是有可能的。

謝謝親愛的瑞恩，妳總是鼓勵、支持我的想法，幫助我看見各種可能。

擁抱所有一路鼓勵我的好友和家人。

感謝可愛的團隊，他們忍受如龍捲風般的我，幫助我寫出本書：畢安卡、路易斯、瑞秋和路克。傑佛遜，我對妳身為人類卻能兼顧一切感到敬畏，也欽佩妳在臉書廣告中的魔力。

謝謝蘇西·沃克（Suzy Walker）給我的友誼與愛，謝謝妳問我為何不寫書，點醒我的廢話，給我超有彈性的跳板向前跳。

謝謝格林打破我對於在商業成功的所有刻板印象，並讓我知道什麼是可能的。

遠距擁抱戈德，妳的智慧和機智對我撰寫本書實在太有幫助了！

謝謝所有參與本書的勇敢又聰明創業家，謝謝你們幫助我構思形塑想法：杜菲爾德—湯瑪斯、格林、霍爾、楊格、傑佛遜、特納、庫茲、溫特、特丹・迪博（TerDawn DeBoe）、李貝特、戈德、詹達利、貝爾福特、帕克─納普勒斯、海德、史都普絲、斯特勞斯、沃特金斯、恩戈姆、珀金斯、威廉絲、埃瑟林頓、洛里梅、畢登、莫里森及里亞茲，你們不可思議的故事實在太令人敬畏。也要感謝所有課程製作者，啟發我寫作本書。

謝謝費歐娜・哈羅爾德（Fiona Harrold）在二十年前的著作中，教導我《成為自己的人生教練》（*Be Your Own Life Coach*），在我懷疑自己、懷疑自己的能力、缺乏勇氣追尋夢想時，這本書一直在手邊。時間快轉到二〇一九年，她也為我寫書的想法萌芽上灑了超營養的肥料。

還有我的經紀人喬・貝爾（Jo Bell），他喜歡本書的想法，於孩子在家自學和封城期間一直溫柔撫慰我，世界崩潰前幾天，在飯店大廳幫助我把珍貴的想法轉變成合適的著作！謝謝編輯布里奧妮・高雷特（Briony Gowlett）理解我，相信我可以在三個月內寫出這麼多字（儘管有封城和在家自學），並把它變成一本書。謝謝薩赫拉・阿拉姆（Zakirah Alam）、休・阿姆斯壯（Huw Armstrong）、塞西娜・碧碧（Sabina Bibi）、凱特・奇漢（Kate Keehan）及霍德與斯托頓（Hodder & Stoughton）團隊的每個人，謝謝你們的耐心和高超的出版技術。

當然，還有那張出色的封面：我的崇拜無以言表，永遠愛你們的封面。

感謝在創業路上支持我的每個人，本書獻給你們。

新商業周刊叢書BW0814

每個人都能打造線上課！

知識付費時代，你會的每一種本事，都能為你賺進滾滾睡後收入！

原文書名／Make Money While You Sleep: How to Turn Your Knowledge into Online Courses That Make You Money 24hrs a Day
作　　者／露西・格里菲斯（Lucy Griffiths）
譯　　者／許可欣
企劃選書／黃鈺雯
責任編輯／黃鈺雯
編輯協力／蘇淑君
版　　權／吳亭儀、林易萱、江欣瑜、顏慧儀
行銷業務／林秀津、黃崇華、賴正祐、郭盈均

總 編 輯／陳美靜
總 經 理／彭之琬
事業群總經理／黃淑貞
發 行 人／何飛鵬
法律顧問／台英國際商務法律事務所
出　　版／商周出版　臺北市中山區民生東路二段141號9樓
電話：(02)2500-7008　傳真：(02)2500-7759
E-mail：bwp.service@cite.com.tw
發　　行／英屬蓋曼群島商家庭傳媒股份有限公司　城邦分公司
台北市104民生東路二段141號2樓
電話：(02)2500-0888　傳真：(02)2500-1938
讀者服務專線：0800-020-299　24小時傳真服務：(02)2517-0999
讀者服務信箱：service@readingclub.com.tw
劃撥帳號：19833503
戶名：英屬蓋曼群島商家庭傳媒股份有限公司城邦分公司
香港發行所／城邦(香港)出版集團有限公司
香港灣仔駱克道193號東超商業中心1樓
電話：(825)2508-6231　傳真：(852)2578-9337
E-mail：hkcite@biznetvigator.com
馬新發行所／城邦(馬新)出版集團
Cite (M) Sdn Bhd
41, Jalan Radin Anum, Bandar Baru Sri Petaling,
57000 Kuala Lumpur, Malaysia.
電話：(603)9057-8822　傳真：(603)9057-6622　email: cite@cite.com.my

國家圖書館出版品預行編目(CIP)數據

每個人都能打造線上課！：知識付費時代,你會的每一種本事,都能為你賺進滾滾睡後收入!/露西.格里菲斯(Lucy Griffiths)著；許可欣譯. -- 初版. -- 臺北市：商周出版：英屬蓋曼群島商家庭傳媒股份有限公司城邦分公司發行, 2023.01
面；　公分. --(新商業周刊叢書；BW0814)
譯自：Make money while you sleep : how to turn your knowledge into online courses that make you money 24hrs a day

ISBN 978-626-318-514-2(平裝)

1.CST: 電子商務 2.CST: 行銷管理 3.CST: 創業

490.29　　111019087

封面設計／盧卡斯工作室　內文設計暨排版／無私設計・洪偉傑　印　刷／韋懋實業有限公司
經 銷 商／聯合發行股份有限公司　電話：(02)2917-8022　傳真：(02) 2911-0053
地址：新北市231新店區寶橋路235巷6弄6號2樓

ISBN／978-626-318-514-2（紙本）　978-626-318-512-8（EPUB）
定價／460元（紙本）　320元（EPUB）

城邦讀書花園
www.cite.com.tw

2023年1月初版
2023年4月初版1.9刷